化学工业出版社“十四五”普通高等教育规划教材

高分子化学实验

彭信文 主编

钟 鸣 陈水亮 副主编

Polymer
Chemistry
Experiments

化学工业出版社

·北京·

内容简介

《高分子化学实验》共分 4 章。第一章实验基本操作和技术介绍了干燥、吸收、物质的量取与加热、原料纯化与产物精制等高分子化学实验中常用的基本操作和技术。第二章基础实验包含 15 个经典的高分子化学实验，包括缩聚反应、加聚反应、乳液聚合反应和悬浮聚合反应等。第三章综合实验共 8 个项目，培养学生综合运用所学的高分子化学知识和实验技能，解决实际问题的能力。第四章创新实验选取了 9 个具有前沿性和创新性的项目，旨在激发学生的科研兴趣和创新热情，培养学生的科学研究能力和创新精神。

《高分子化学实验》可供高等院校高分子化学、高分子材料与工程等专业的师生用作教材，也可供相关专业的技术人员参考。

图书在版编目（CIP）数据

高分子化学实验 / 彭信文主编 ；钟鸣，陈水亮副主编. -- 北京 ：化学工业出版社，2025. 12. --（化学工业出版社“十四五”普通高等教育规划教材）. -- ISBN 978-7-122-49342-2

Ⅰ. O631.6

中国国家版本馆 CIP 数据核字第 20258V16L4 号

责任编辑：刘志茹　林　媛　　　装帧设计：史利平
责任校对：边　涛

出版发行：化学工业出版社
（北京市东城区青年湖南街 13 号　邮政编码 100011）
印　　装：北京科印技术咨询服务有限公司数码印刷分部
710mm×1000mm　1/16　印张 8¼　字数 200 千字
2025 年 12 月北京第 1 版第 1 次印刷

购书咨询：010-64518888　　售后服务：010-64518899
网　　址：http://www.cip.com.cn
凡购买本书，如有缺损质量问题，本社销售中心负责调换。

定　　价：28.00 元

前言

高分子化学作为化学学科的重要分支，在现代科学技术和工业生产中占据着举足轻重的地位。从日常生活中的塑料制品、纤维织物，到高科技领域的航空航天材料、生物医用材料等，高分子材料无处不在，深刻影响着人类社会的发展和进步。高分子化学实验则是高分子化学教学中不可或缺的重要环节，它不仅能够帮助学生加深对高分子化学基本理论的理解，更能培养学生的实践操作能力、创新思维能力和科学研究素养。

《高分子化学实验》旨在为高分子化学及相关专业的学生提供一本系统、全面、实用的实验指导书。第一章“实验基本操作和技术”详细介绍了干燥、吸收、仪器的洗涤、物质的量取与加热、原料纯化与产物精制等高分子化学实验中常用的基本操作和技术。第二章“基础实验”包含了 15 个经典的高分子化学实验，这些实验涵盖了高分子化学的各个方面，包括缩聚反应、加聚反应、乳液聚合反应和悬浮聚合反应等。第三章“综合实验”设置了 8 个项目，这些实验要求学生综合运用所学的高分子化学知识和实验技能，解决实际问题，培养学生的综合分析能力和创新思维能力。第四章“创新实验”则选取了 9 个具有前沿性和创新性的项目，旨在激发学生的科研兴趣和创新热情，培养学生的科学研究能力和创新精神。

本书由“化学国家级实验教学示范中心（江西师范大学）”组织编写，在江西师范大学化学与材料学院高分子教研室编写的《高分子化学实验》讲义基础上编写而成，参与编写的教师有彭信文、钟鸣、陈水亮、梁爱辉、刘勇军、邵俊、潘阳、陈东、廖勋凡等。在此对本校长期从事高分子化学实验的前辈侯豪情、盛寿日、蔡明中等谨表谢忱。本书的出版得到了化学工业出版社的大力支持，特此感谢！

由于编者水平有限，书中难免存在不足之处，恳请广大读者批评指正。

彭信文

2025 年 6 月

目录

第一章 实验基本操作和技术

聚合物由于分子量较大，每个分子的尺寸较长，分子之间的作用力强，使得其性质与小分子不同。所以，在进行聚合反应操作和聚合物性质鉴别时，往往需要使用不同于小分子的处理方法[1]。本章主要介绍与聚合反应相关的实验基本操作和技术。

1.1 干燥和吸收

在多数情况下，氧对聚合反应有一定影响。如自由基聚合反应过程中，氧的存在可导致引发剂使用效率或活性下降，也可能导致聚合反应提前终止，或导致自由基活性下降。氧对离子聚合过程中引发剂的活化和去活化也有影响。在缩聚反应中，高温条件下，氧也会导致高分子量聚酯、尼龙等的降解。所以，聚合反应最好在惰性气氛下进行。

以氮气为惰性气体时，普通氮气的纯度是不够的，需要用更高纯度的氮气。向反应器充氮前一定要反复交替抽真空、充氮气，而不能只简单地把氮气通入反应器。在氮气保护下进行反应或蒸馏时，必须装上一个适当的出口阀或液封，以防止周围空气中的氧扩散到反应器中。常用的方法是加石蜡油液封。在离子聚合反应中，反应体系需要排氧、除湿，采用传统的干燥方法难以达到要求，因此一般在高真空条件下加热以除去玻璃内壁的水汽。气体可用冷冻除水法或将其通过装有适当干燥剂（表 1-1）的管子或干燥塔进行干燥。

表 1-1　常用于干燥气体的干燥剂/干燥方法

干燥剂	残余水分/(mg/L 气体)	干燥剂	残余水分/(mg/L 气体)
$CaCl_2$	0.3～1.2	分子筛	0.001
CaO	0.2	−75 ℃下冷冻	0.001
硅胶	0.006	金属钠	—
熟石膏	0.005	氢化钙	—
浓硫酸	0.003	高氯酸镁	0.0005
KOH	0.002	P_2O_5	0.00002

1.1.1 液体的干燥

液体可采用干燥剂（沸腾回流）、共沸或萃取蒸馏进行脱水。需要注意的是，只有化学惰性的干燥剂才可用于干燥液体，尤其在干燥未知物质的溶液时更应注意，否则可能会有副反应发生。例如室温下向苯乙烯中加浓硫酸容易发生爆炸性聚合反应。

单体和液体有机物（溶剂、稀释剂等）的干燥通常将干燥剂直接与之接触，因此所选用的干燥剂必须不与该物质发生反应且不溶于该液体。

（1）常用的干燥剂

常用的干燥剂有如下几种。

① 无水氯化钙（$CaCl_2$） 适用于烃类、醚类化合物，不适用于醇、酚、胺、酰胺、某些醛酮及酯，因为能与它们形成络合物。

② 无水硫酸镁（$MgSO_4$）和无水硫酸钠（Na_2SO_4） 中性干燥剂，可干燥许多不能用 $CaCl_2$ 干燥的有机化合物。

③ 无水硫酸钙（$CaSO_4$） 高效中性干燥剂，常用于无水硫酸镁或无水硫酸钠干燥之后的深度干燥。

④ 无水碳酸钾（K_2CO_3） 一般用于水溶性醇、酮和酯的初步干燥，不适用于酸性物质。

⑤ 氢氧化钠（NaOH）和氢氧化钾（KOH） 碱性干燥剂，一般用于胺类化合物的干燥。

⑥ 金属钠（Na） 用于已初步干燥的醚、烷烃及叔胺等有机化合物中微量水分的去除。

各类液态有机物的常用干燥剂列于表 1-2。

表 1-2 各类液态有机物的常用干燥剂

液态有机化合物	适用的干燥剂	液态有机化合物	适用的干燥剂
醚类、烷烃、芳烃	$CaCl_2$、Na、P_2O_5	酸类	$MgSO_4$、Na_2SO_4
醇类	K_2CO_3、$MgSO_4$、Na_2SO_4	酯类	$MgSO_4$、Na_2SO_4、K_2CO_3
醛类	$MgSO_4$、Na_2SO_4	卤代烃	$CaCl_2$、$MgSO_4$、Na_2SO_4、P_2O_5
酮类	$MgSO_4$、Na_2SO_4、K_2CO_3	有机碱类(胺类)	NaOH、KOH

（2）干燥剂的使用方法

干燥剂的使用方法主要有以下三种。

① 直接加干燥剂干燥 根据待干燥液的性质，选用适量的干燥剂，直接加入盛有待干燥液体的锥形瓶中，密塞，振荡片刻，静置。视瓶壁上无黏附的干燥剂颗粒且溶液清亮无气泡后，将干燥剂与溶液分离。

② 通过干燥柱干燥　在微型化学实验中，有时需干燥物质的量很少，仅几十微升至 1 mL，如直接用干燥剂干燥，干燥剂的吸附将占去很大比例，因此可采用干燥柱干燥。将一小团棉花用干净的细铁丝塞入毛细滴管细口，将 30 mg Ⅰ级活性氧化铝和 200 mg 合适的干燥剂均匀填入柱内，上盖一层滤纸，制成干燥柱。先用干燥溶剂湿润柱体，再将溶有待干燥物质的溶液通过干燥柱，最后用少量干燥溶剂淋洗，在温水浴中蒸去溶剂即得干燥后的物质。这样干燥效果更好、损失少，又能集干燥和柱色谱分离为一体。这种方法特别适用于少量溶液的干燥。

③ 共沸干燥　利用某些有机化合物（如苯和甲苯）与水共沸时能形成共沸混合物的特点，加热蒸馏，在蒸出苯或甲苯的同时除去反应体系中的水分。

1.1.2　固体的干燥

固体的干燥主要有以下四种方式。

① 晾干　将固体在小滤纸上薄薄地摊开，用另一张滤纸覆盖其上，使之在空气中慢慢晾干。

② 烘干　对于热稳定的固体化合物，可将其均匀摊开在表面皿上或蒸发皿中，置于水浴或沙浴上烘干。也可放在烘箱中或用红外灯烘干。在烘干过程中要防止过热，始终保持加热温度不超过有机化合物的熔点。

③ 真空干燥　对于高温易分解的有机化合物，可采用真空恒温干燥烘箱或干燥仓，在其中放置适当的干燥剂，再放入装有待干燥物的容器，密闭，恒温下抽真空，并保持一定的真空度。

④ 用干燥剂干燥　对于易升华的化合物，可选用合适的干燥剂，放在干燥器中进行干燥。

1.1.3　气体的净化与干燥

实验室中制得的气体或来自钢瓶的压缩气体，常含有微量杂质，如水蒸气。把它们通过适当的液体或固体试剂层以使其净化和干燥。为此应选用洗涤瓶或吸收塔。通用的洗涤瓶装置如图 1-1 所示。瓶的导入管与气体的来源连接并浸在洗液中；导出管与需要接收气体的仪器连接。如果没有现成的洗涤瓶，可以利用各种容器（罐、瓶，如锥形瓶和平底烧瓶等）和一个塞子，按洗气瓶的结构组装成洗气装置。带有玻璃多孔板片的洗气瓶，气体洗涤效果好，宜采用孔密的板片。在压力不大时，它可以使气体很好地分散在液体中，增大了两相的接触面积。干燥剂或吸收剂应根据气体的性质及杂质种类来选择，实验室中常用的气体吸收剂和干燥剂见表 1-3。

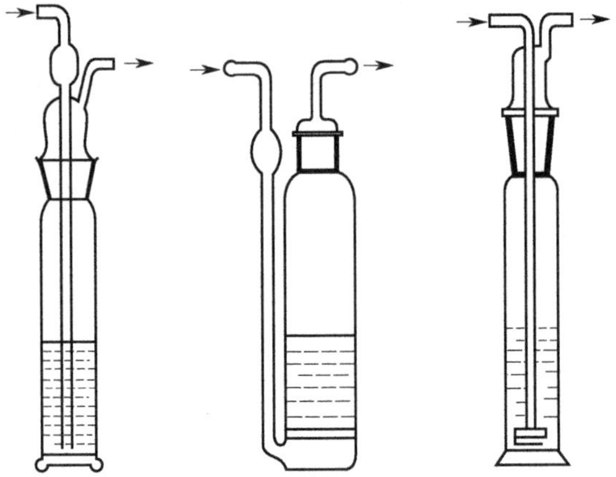

图 1-1 洗涤瓶装置示意图

表 1-3 实验室中常用的气体吸收剂和干燥剂

气体	吸收剂	干燥剂	气体	吸收剂	干燥剂
O_2	—	浓 $KMnO_4$、P_2O_5	Cl_2	$KMnO_4$ 饱和液	浓 H_2SO_4 或 $CaCl_2$
H_2	$KMnO_4$ 或 KOH 饱和溶液	浓 H_2SO_4	HCl	—	浓 H_2SO_4
N_2	邻苯三酚或氯化亚铜的碱性水溶液	浓 H_2SO_4	H_2S	水	—
CO_2	水	浓 H_2SO_4	NH_3	—	碱石灰或 CaO
CO	33%NaOH 溶液	浓 H_2SO_4 或 $CaCl_2$	SO_2	水	浓 H_2SO_4

吸收管和吸收塔装置示意图如图 1-2 所示。干燥大量气体时常用装有固体填料的 U 形管［图 1-2(b)］。图 1-2(c) 所示的吸收塔也用于大量气体的干燥，它常填充氯化钙或氢氧化钾，用于减压蒸馏。

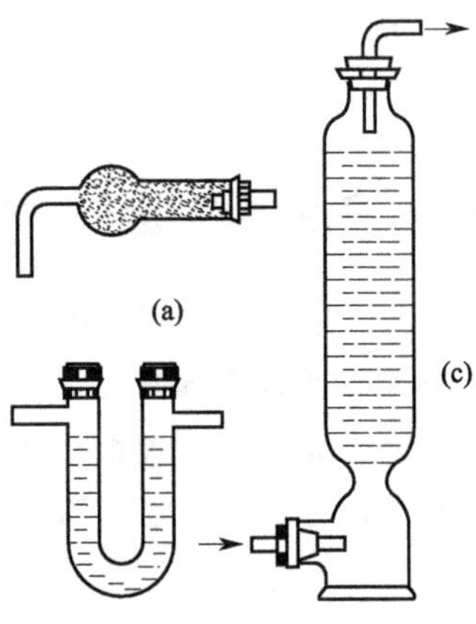

图 1-2 吸收管和吸收塔装置示意图

1.1.4 有毒气体的吸收

反应中放出的有毒气体可用图 1-3 所示的装置来吸收。反应器的导出管与漏斗颈部相连，漏斗放在装有吸收液体的烧杯中，其边缘稍低于液面［见图 1-3(a)］。用带有进气管的塞子塞好并装有吸收液的普通抽滤瓶［见图 1-3(b)］是密闭性更好的简便吸收装置。当有大量气体产生时，应用能连续供液（水）的吸收装置［见图 1-3(c) 和 (d)］。常用水、稀的或浓的氢氧化钠或硫酸溶液作为吸收液。使用时应当注意避免反应器内因压力变化而引起吸收液倒流到反应瓶中，造成损失或严重事故。预防措施是在反应瓶和吸收装置之间加一个安全瓶。

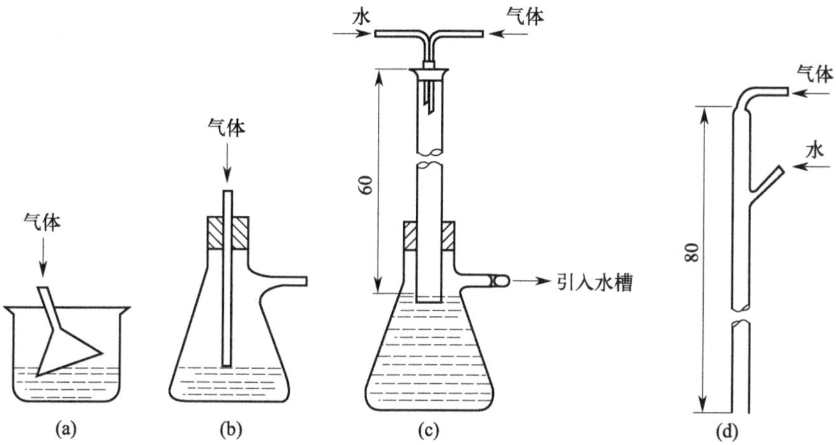

图 1-3　有毒气体的吸收装置示意图

1.2　仪器的洗涤、物质的量取、加热与冷却

高分子化合物制备实验的允许误差一般为1%左右，聚合反应动力学分析实验精度要求高，应根据反应对物料精确程度的要求选用不同的量具。对不同器皿及玻璃仪器的洗涤有不同的方法与要求，对不同体系加热、冷却也都有不同控温指标。

1.2.1　玻璃仪器的洗涤

玻璃仪器使用后应立即清洗，洗涤时要按照沾污情况的不同，选用不同的溶剂。首先用水冲洗，随后放于洗液中浸泡，最后加热洗涤。常用洗液的配制方法如下：将 5 g 重铬酸钠或重铬酸钾溶解于 5 mL 水中，向水溶液中加入 100 mL 浓硫酸；或将 5 g 重铬酸钠溶解于 100 mL 加热到 100 ℃的浓硫酸中。重铬酸钠和浓硫酸的混合物具有强氧化性。玻璃器皿用洗液洗后先用自来水冲洗，再用去离子水清洗，然后进行干燥。

碱性物质用无机酸来洗，酸性物质则用纯碱或苛性碱（如氢氧化钠）溶液洗涤。有机物质则可用乙醇、丙酮、苯、汽油、乙醚等来溶解。蒸馏以后的残渣最好用初馏物溶解。反应以后的树脂状残渣可用 40%碱液加热洗去。

黏附在玻璃器皿上的残留沉淀物，可用洗刷玻璃器皿用的特殊刷子（瓶刷）除去，也可用超声波清洗器振荡后用水清洗。在用腐蚀性物质——浓酸、苛性碱、洗液等洗涤器皿时不要用刷子。洗玻璃器皿时不能用砂纸，防止擦伤玻璃，使玻璃迅速龟裂（特别是加热时）。出于同样的原因，也不宜使用去污粉，因为去污粉常含有砂或其他坚硬的颗粒。最好用无水纯碱代替去污粉。上述方法都处理不了的有机高分子化合物，可用加热炭化的方法除去。

砂芯漏斗在使用后应立即用水冲洗。滤板不太稠密的砂芯漏斗可用强烈的水流来冲洗，也可借助抽滤瓶在减压下通水冲洗。滞留在小孔中的沉淀需用适宜的溶剂洗净。

器皿和仪器的部件在仔细洗涤后，内壁应用去离子水冲洗，然后干燥。可将器皿套在滴水架上，或把仪器底朝上地覆在几块滤纸上或带有排水沟的特制的桌子上，直接在空气中干燥几个小时。玻璃仪器的细小部件可以在干燥箱中于100～120 ℃干燥。用电吹风机（或压缩空气）吹入冷的或最好是热的空气，可使仪器和器皿很快干燥。为加速干燥，仪器内壁用去离子水冲洗以后可以用乙醇或丙酮润洗后再干燥。吹干这样的器皿时应远离明火。

1.2.2 物质的量取

（1）固体的称量

精确称取100 mg以上的固体物质时，可使用电子天平。精确称取100 mg以下的固体物质时，需采用感量为0.1 mg的分析天平或电子天平。

微型实验是随着称量技术水平的提高而发展起来的近代实验新技术，反过来也对精确称量技术的进步有一定的促进作用，万分之一精度的分析天平可以满足其对称量精度的要求。

（2）液体的量取

精确量取100 μL及以上的液体时，可用移液管。精确量取100 μL以下的液体时，需采用微量移液枪来量取。

（3）气体的计量

对气体原料的计量可通过确定分压与容积进行计算，也可以通过吸到密闭容器中计算质量而计量。

1.2.3 加热

高分子化学实验在室温下反应速率一般很慢，常需要在加热条件下进行。高分子化学实验常用的加热方法如下。

（1）直接加热

高分子化学反应时间一般较长，体系黏度较大，很少进行直接加热。在反应体系中无固体、所用溶剂沸点较高（无乙醚、低沸程石油醚等）且反应不需搅拌的情况下，可用普通酒精灯、酒精喷灯或电炉隔石棉网进行加热。

(2) 间接加热

为了保证高分子化学反应加热均匀，经常选用热浴来进行间接加热。100 ℃以下多采用水浴加热，100～240 ℃可采用油浴加热，当反应需加热到 300 ℃以上时可采用沙浴、盐浴加热。对于一些聚合反应动力学分析实验或对温度精度要求很高的情况下，可用蒸汽浴加热（图 1-4）。还有一些间接加热的方式，如电热板、电热套、电吹风、微波加热等，现分述如下。

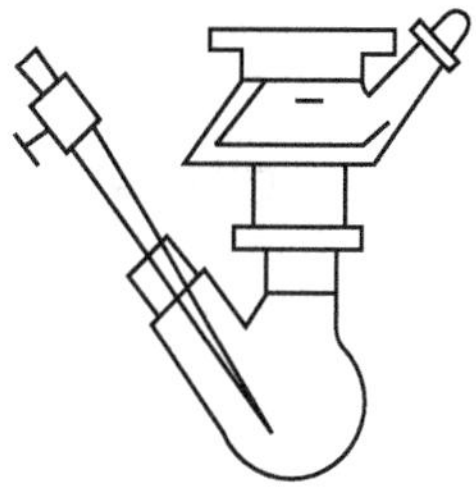

图 1-4　蒸汽浴装置示意图

① 蒸汽浴　聚合反应动力学分析或高分子化合物反应有时需要在恒定的温度下长时间加热，最好的办法之一是用蒸汽浴。最简便的蒸汽浴装置是用一大试管内装 1/4 浴液加热至沸腾，将欲加热的器皿放置其中，保持温度恒定。也有专门设计的蒸汽浴装置，蒸汽浴常用物质见表 1-4。

表 1-4　蒸汽浴常用的物质（100～380 ℃）

化合物	沸点/℃	化合物	沸点/℃
水	100	环己酮	155
甲苯	111	乙基苯基醚	172
正丁醇	117	丁氧基乙醇	171
四氯乙烯	121	对异丙基甲苯	176
甲氧基乙醇	125	邻二氯苯	179
氯代苯	133	苯酚	181
乙氧基乙醇	135	十氢化萘	190
间二甲苯	139	乙二醇	197
苯甲醚	155	间甲酚	202
四氢化萘	206	甲基苯基醚	275
萘	218	二缩三乙二醇	282
水杨酸甲酯	222	邻苯二甲酸二甲酯	283
2-(2-丁氧基乙氧基)乙醇	231	二苯并呋喃	288
正癸醇	231	二苯酮	305
甲基萘	242	六氯苯	310
一缩乙二醇	245	邻联三苯	330
联苯	255	蒽	365
二苯基醚	259	蒽醌	380
二苯基甲烷	265		

② 水浴 直接用火焰加热玻璃器皿，由于玻璃受热不均容易开裂，加之局部过热，可能引起有机化合物的部分分解，甚至引起燃烧或爆炸，因此应该避免用火焰直接加热。使用水浴，则上述问题便可消除［见图 1-5(a)］。在长时间加热的情况下，带有溢流管和自动加水功能的水浴非常方便，它既能保证加热温度恒定，也不会出现干烧，防止实验事故发生［见图 1-5(b)］。

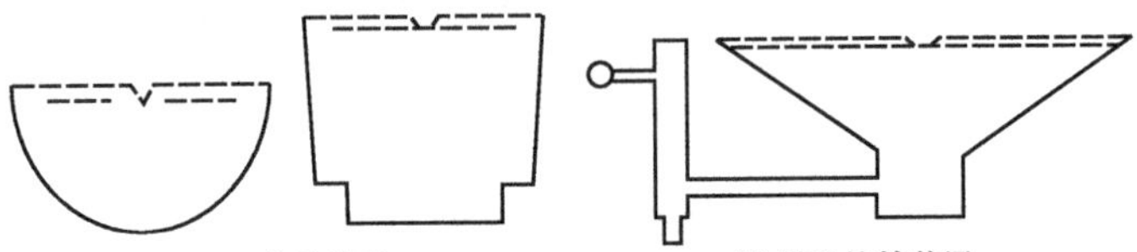

(a) 普通装置　　(b) 带溢流管装置

图 1-5 水浴加热装置示意图

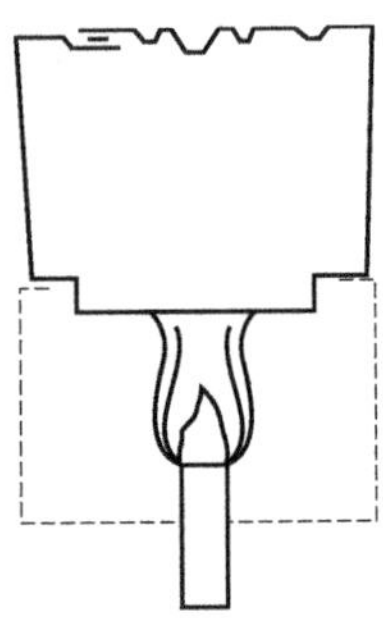

图 1-6 带有防护网的加热器

在长时间加热反应中，有时可用带有排出冷凝水装置的蒸汽浴。这种加热方法特别适用于蒸馏可与空气形成爆炸性混合物的易挥发液体，例如乙醚、苯和石油醚。也可以用带紧密防护网的水浴（见图 1-6），这样的网可以防止蒸汽与火焰的直接接触，或用电加热水浴锅加热。

在 100～240 ℃间加热时应使用油浴。在浴锅中加入一半矿物油，用两层根据浴面大小而切割成环形的石棉厚板遮盖油浴，以减少油蒸气燃着的危险。油浴所能达到的最高温度取决于所用油的种类。由煤干馏得到的黑色工业油在 240 ℃以下是稳定的，透明石蜡油在 220 ℃以上开始分解，精制的植物油和联苯的氯化产物可以加热到 250～275 ℃。油浴应有温度计指示温度。

③ 盐浴 将物质在高温加热时，有时使用盐浴。例如，等质量的硝酸钠和硝酸钾混合物在 218 ℃熔化，这种熔融盐在 700 ℃以下是稳定的，可作干盐浴中的熔融盐。

④ 金属浴 在 200～400 ℃加热时使用金属浴，常用的金属浴介质有以下三种：

伍德（Wood）合金：4 份铋、2 份铅、1 份锡和 1 份镉，熔点 60.5 ℃。

罗斯（Rose）合金：2 份铋、1 份铅和 1 份锡，熔点 94 ℃。

铅和锡的低共熔混合物：36%铅和 64%锡，熔点 181 ℃。

为了防止金属黏附到放在金属浴中的玻璃器皿表面上，仪器应该预先在发烟的火焰上熏黑。温度计和仪器应在金属熔化后放入，并在它凝固前取出。

⑤ 沙浴 沙浴装置是内盛 2～5 cm 厚沙层的铁、石墨或镍制的容器。沙浴用在加热温度必须达到数百摄氏度的场合。

⑥ 空气浴 用于蒸馏不燃液体的简单而方便的空气浴装置见图 1-7。该装置可由金属盒制成，在金属盒的上面盖有两片半环形的石棉板，其内径等于烧瓶颈的

直径。

（3）微波辐射加热

将微波辐射加热技术用于有机合成与高分子化学反应是20世纪80年代后兴起的一项有机合成反应新技术。传统方法是由外来热能通过辐射、传导和对流来进行加热的，而微波辐射加热则是通过偶极分子旋转和离子传导两种机理来实现对物质的加热的。其中，极性分子接受微波辐射能量后，通过分子偶极以每秒24.5亿次的高速旋转产生热效应。微波辐射加热具有加热速度快、反应灵敏、受热均匀等优点。国际上规定微波炉用的频率是915 MHz和2450 MHz。实验室常用频率为2450 MHz。

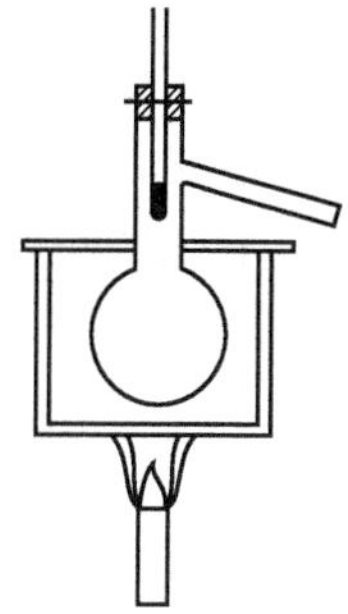

图1-7　空气浴装置

高分子化学反应多数为引发剂热引发，也有通过光引发和电化学、磁化学反应引发聚合的。实践表明微波加热还有非热效应。

1.2.4　冷却

最简单的冷却剂是水。自来水的温度随季节的变化在4～15 ℃范围内波动。用冰可将温度冷却到0 ℃，而若需冷却至0 ℃以下则需要用冷冻混合物。例如，混合1份食盐、3份小冰块可使体系温度达到－18～－5 ℃。而用5份结晶氯化钙和4份小冰块的混合物，可以得到更低的温度（－50～－40 ℃），具体数据见表1-5所示。

表1-5　冰盐浴及其产生的温度

盐	每100 g冰中所加质量份	产生的温度/℃	盐	每100 g冰中所加质量份	产生的温度/℃
Na_2CO_3	20	2	$CaCl_2 \cdot 6H_2O$	100	－29
KCl	30	－11	工业 KCl	100	－30
NH_4Cl	25	－15	$NH_4Cl+KNO_3$	13＋38	－31
NH_4NO_3	50	－17	KNO_3+KCNS	2＋112	－34
$NaNO_3$	50	－18	$NaNO_3+NH_4CNS$	55＋40	－37
NaCl	33～100	－22～－20	$CaCl_2 \cdot 6H_2O$	150	－49
$NaNO_3+NH_4NO_3$	55＋52	－26	$CaCl_2 \cdot 6H_2O$	500	－54
KNO_3+NH_4CNS	9＋67	－28			

使用固体二氧化碳（干冰）可以将温度冷却到－60 ℃以下。市面上有条状干冰出售。实验室如有二氧化碳钢瓶，可以自制干冰。在钢瓶阀上套上用布遮盖的紧密的帆布袋，将钢瓶倾斜放置，使阀门朝下，迅速打开阀门，利用气体膨胀产生的

强烈冷却效应，钢瓶中放出的二氧化碳可直接固化为干冰。干冰和有机溶剂混合时，可得到更低的温度：与乙醇混合可达到－72 ℃，与乙醚混合或与氯仿和丙酮的混合液混合均可达到－77 ℃。液态空气浴最低温度可达－180 ℃。液态空气、固体二氧化碳和它的溶液可以在杜瓦（Dewar）瓶中保存（图 1-8）。

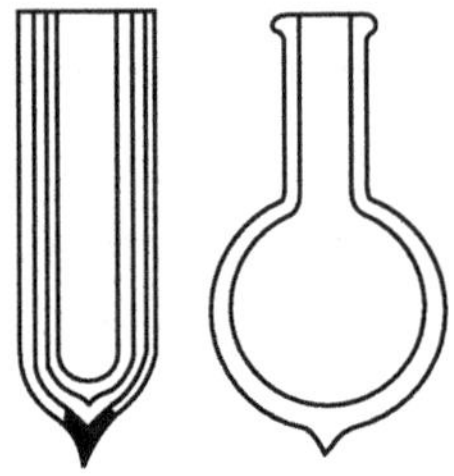

图 1-8 杜瓦瓶

1.3 原料纯化与产物精制

高分子化学反应要求原料有精确的摩尔比，因此，单体纯化与引发剂精制十分重要。本节从物质纯化的一般操作入手，介绍各种纯化操作，特别是微型化学实验所需原料的纯化技术及纯物质的检测方法与标准[2]。纯化方法根据反应物质可分为单体纯化、引发剂纯化、辅助物质纯化；根据物质状态可分为固态物质纯化（如重结晶、升华和沉淀等）、液态物质纯化（如蒸馏和精馏）和气态物质纯化（如吸收和萃取等）。

1.3.1 蒸馏

蒸馏是分离和提纯有机化合物的常用手段，它基于液体混合物中各组分挥发度的差别，使液体混合物部分汽化并随之使蒸气部分冷凝，从而实现其所含组分的分离。蒸馏操作可根据不同的方法分类：按操作方式分为间歇蒸馏、连续蒸馏；按蒸馏方法分为简单蒸馏、平衡蒸馏（闪蒸）、精馏、特殊精馏等；按操作压强分为常压、加压、减压蒸馏；根据混合液的组分数分为二元（双组分）、多元蒸馏等。

（1）常压蒸馏

常压蒸馏就是在常压条件下将液态物质加热到沸腾变为蒸气，再将蒸气冷凝为液体的过程。常压蒸馏一般适用于各组分的沸点差别较大的液体混合物的分离。蒸馏过程中，沸点较低者首先蒸出，沸点较高者随后蒸出，不挥发的留在蒸馏器中，从而达到分离和提纯的目的。

在化学实验中，对于 5 mL 以上液体进行常压蒸馏时可用常规蒸馏装置。对于

5 mL 以下液体进行常压蒸馏时，可用微型蒸馏头进行蒸馏，如图 1-9 所示。此装置由 5 mL 蒸馏烧瓶、冷凝管、温度计、接液管、锥形瓶等组成。液体在蒸馏烧瓶中受热汽化，在冷凝管中被冷却，冷凝下来的液体沿壁流下。将温度计的水银球上液面与蒸馏烧瓶支管下端齐平，可读出馏出液的沸程。如还需将高沸点馏分蒸出，可在低沸点馏分蒸出后，温度下降时，停止加热，冷却，迅速换一个蒸馏头重新加热蒸馏出高沸点馏分。

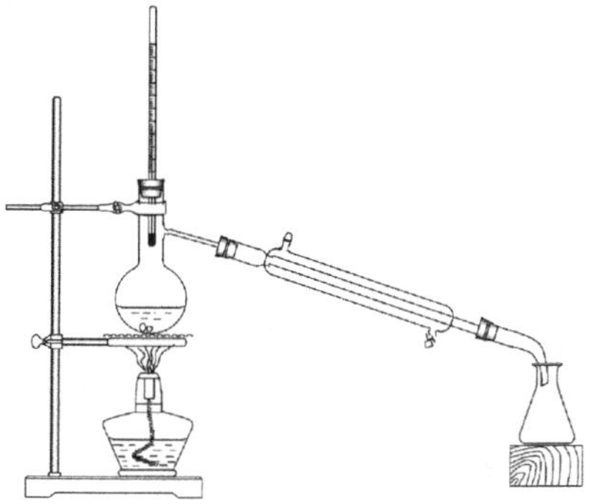

图 1-9　蒸馏装置示意图

在具体操作时，可根据馏分沸点的不同而采用不同的冷凝管。当馏分沸点在 140 ℃以上时，宜采用空气冷凝管。

(2) 分馏

对于沸点相近的液体混合物，仅用一次蒸馏不可能把各组分完全分开。若要获得较纯组分，则必须进行多次蒸馏。这样既费时，液体损失量又大。要获得良好分离，通常采用分馏的方法。

分馏通常采用分馏柱进行，实际上就是在分馏柱中使混合物进行多次汽化和冷凝。当上升的蒸气与下降的冷凝液接触时，上升的蒸气部分冷凝放出热量，使下降的冷凝液部分汽化，两者发生热量交换。其结果是上升蒸气中易挥发组分增加，而下降的冷凝液中的高沸点组分增加，如此进行多次的汽-液平衡，即可达到多次蒸馏的效果。当分馏柱的柱效足够时，从分馏柱顶部出来的几乎是纯净的易挥发组分，而高沸点组分则残留在烧瓶中，如图 1-10 所示。

若混合液体积较大，各组分沸点相差较小时，可用空气冷凝管作为分馏柱体，管内装填适当的填料如小玻璃珠和管外包裹保温材料来代替分馏柱进行分馏。

如进行液体量小于 4 mL、沸点差大于 50 ℃的混合液体的分离提纯，可用微型分馏装置进行分馏。微型分馏装置如图 1-11 所示。微型分流头下部与韦氏分馏柱相似。

(3) 水蒸气蒸馏

水蒸气蒸馏操作是将水蒸气通入含有不溶或难溶于水但有一定挥发性的有机物质的混合物中，使该有机物在低于 100 ℃的温度下随水蒸气一起蒸馏出来。

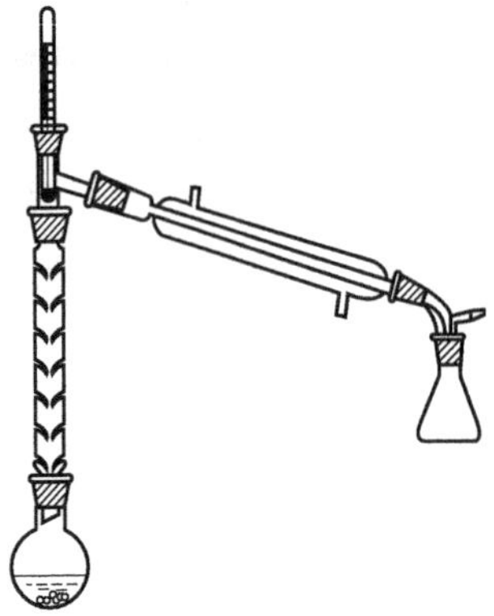

图 1-10 用分馏柱进行分离装置示意图

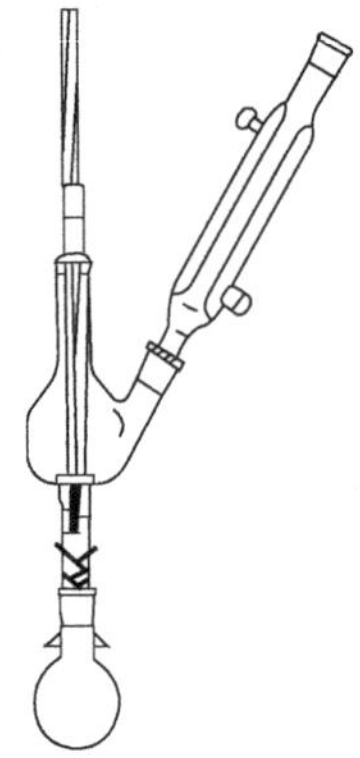

图 1-11 微型分馏装置

两种互不相溶的液体混合物的蒸气压等于两液体单独存在时的蒸气压之和。当混合物的两液体的蒸气压之和等于大气压力时，混合物开始沸腾。互不相溶的液体混合物的沸点要比每种物质单独存在时的沸点低。因此，在含有不溶于水且有一定挥发性的有机物质的混合物中，通入水蒸气进行水蒸气蒸馏时，在低于该物质的沸点及水的沸点（100 ℃）的某一温度下可使该物质和水一起被蒸馏出来，从而使该物质与混合物分离。

水蒸气蒸馏常用于下列几种情况：①混合物中含有大量的固体，通常的蒸馏、过滤、萃取等方法都不适用；②混合物中含有焦油状物质，采用通常的蒸馏、萃取等方法非常困难；③在常压下，蒸馏会发生分解的高沸点有机物质。

如仅需 5 mL 以下水量就可以完成的水蒸气蒸馏，则可用简易水蒸气蒸馏装置，即将 5 mL 水加入烧瓶中，煮沸蒸馏就可达到很好的效果，如图 1-12 所示。

对于需 5～10 mL 以上水量才能完成的水蒸气蒸馏，可用常规水蒸气蒸馏的微缩装置，如图 1-13 所示。

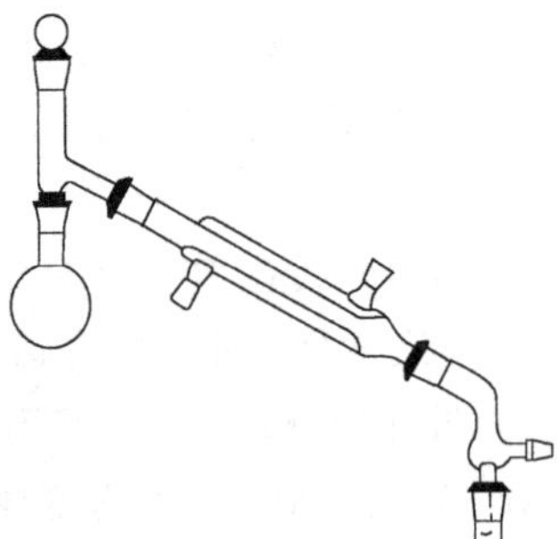

图 1-12 水蒸气蒸馏

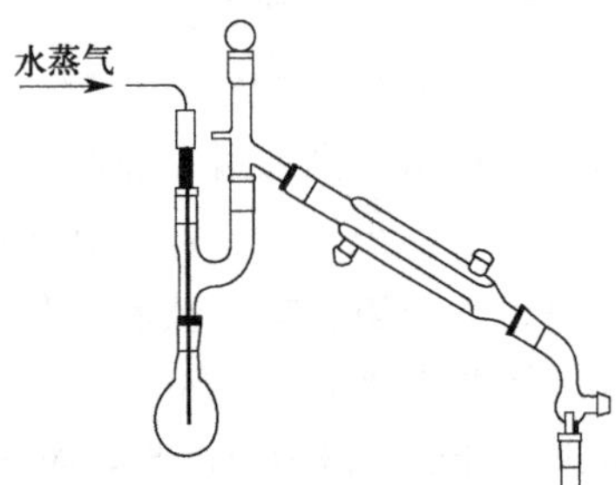

图 1-13 微型水蒸气蒸馏

也可用图 1-14 装置，根据所需水量选择二口烧瓶，使产生的水蒸气通入装有待蒸馏物质的支试管中，馏出液经冷凝收集。

（4）减压蒸馏

减压蒸馏适用于那些在常压下蒸馏往往会发生部分分解的有机化合物及一些高沸点化合物的分离和提纯。

微型减压蒸馏实验装置由圆底烧瓶、微型蒸馏头、温度计、真空冷指及减压蒸馏毛细管组成，如果 1-15(a) 所示。因微型实验物量很小，也可通过电磁搅拌来达到防止暴沸的目的。若需要减压蒸去溶剂而不需测定沸点进行减压蒸馏时，用微型蒸馏头配以真空冷指即可，如图 1-15(b) 所示。减压蒸馏时，在真空冷指的抽气处应接有安全瓶，安全瓶分别与测压计、真空泵连接，并配有活塞用来调节体系真空度及通大气。

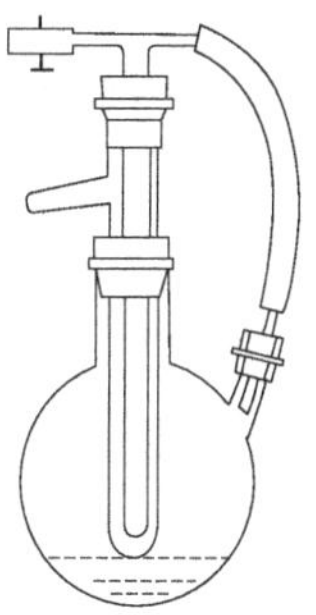
图 1-14　少量水蒸气蒸馏

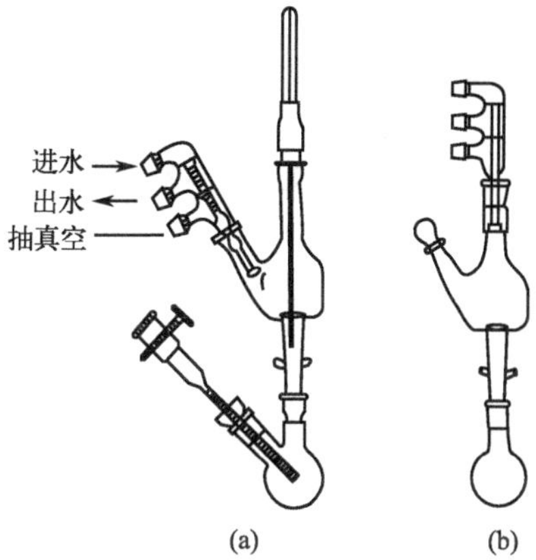

图 1-15　减压蒸馏

（5）回流与分水

① 回流　许多有机化学反应需要使反应物在较长的时间内保持沸腾才能完成。为了防止蒸气逸出，常用回流冷凝装置，使蒸气不断地在冷凝管内冷凝，返回反应器中，以防反应物逸出［见图 1-16(a)］。为了防止空气中的湿气侵入反应器，可在冷凝管上口连接氯化钙干燥管［见图 1-16(b)］。当反应体系中有有毒气体（如溴化氢、氯化氢、二氧化硫等）产生时，要用气体吸收装置［见图 1-16(c)］，以减少环境污染。有些反应进行剧烈，放热很大，或反应速率太快，如将反应物质一次加入，会使反应失控而导致失败。在这种情况下，可采用带有滴液漏斗的回流冷凝装置（见图 1-17），将一种试剂逐滴加入进去。也可根据需要，在烧瓶外用冷水浴或冰水浴冷却。为了使冷凝管的套管内充满冷却水，应从下面的入口通入冷却水。水流速度能保持充分冷凝即可。进行回流操作时也要控制加热，蒸气上升的高度一般以不超过冷凝管的 1/3 为宜。

② 分水　进行一些可逆平衡性的反应时，为了使正向反应进行到底，可将反应产物之一（例如水）不断地从反应混合物体系中除去。图 1-18 的装置中，

有一个分水器，回流下来的蒸气冷凝液进入分水器分层后，有机层自动被送到接收瓶，而生成的水可从分水器中放出去，这样可使某些生成水的可逆反应进行到底。

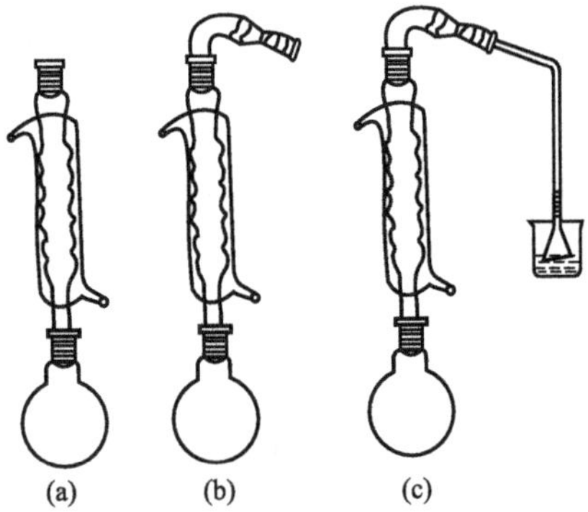

图 1-16 回流冷凝装置（一）

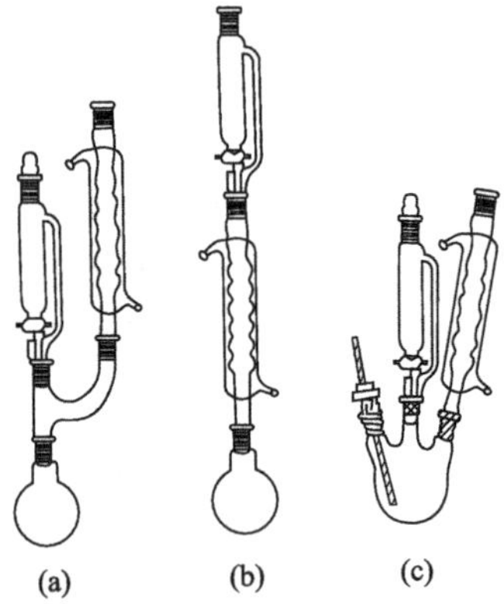

图 1-17 回流冷凝装置（二）

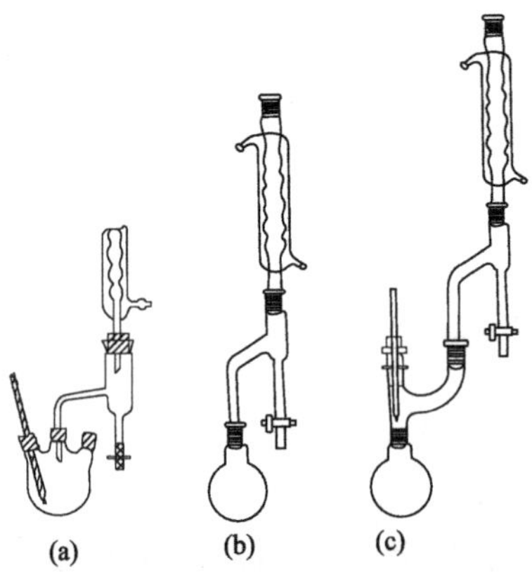

图 1-18 带分水器的冷凝装置

1.3.2 过滤

(1) 抽滤

实验用微量抽滤装置由带玻璃钉的漏斗、10 mL 抽滤瓶、真空泵组成。抽滤前，需在玻璃钉上放置一直径略大于玻璃钉尾部平面的滤纸，并需用溶剂润湿，抽气使其紧贴漏斗，以免过滤时固体从滤纸与漏斗壁间漏下，装置如图 1-19 所示。当真空度要求不高时，微型仪器整个容量小，可用洗耳球或针筒来使其减压。

(2) 过滤滴管过滤

对于量少于 2 mL 的悬浊液，可用两支毛细滴管配合进行过滤。即用干净细铁丝将一小团棉花紧密填入一支毛细滴管的细管中，制成过滤滴管，如图 1-20 所示。用另一支毛细管将悬浊液转移到过滤滴管中，在过滤滴管上装上橡胶滴头，将滤液轻轻挤出，如图 1-21 所示。这种方法比较适用于保留滤液的过滤操作。

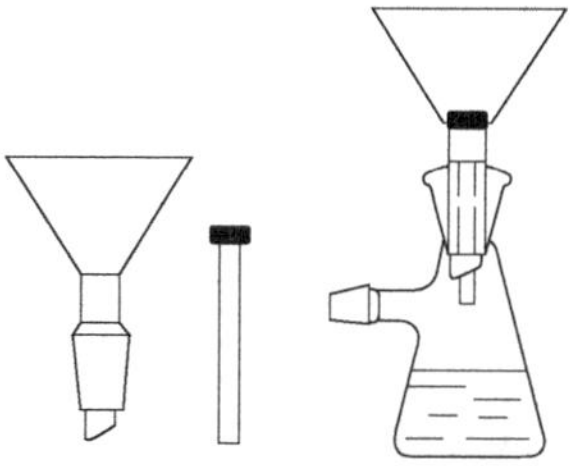

图 1-19 抽滤装置

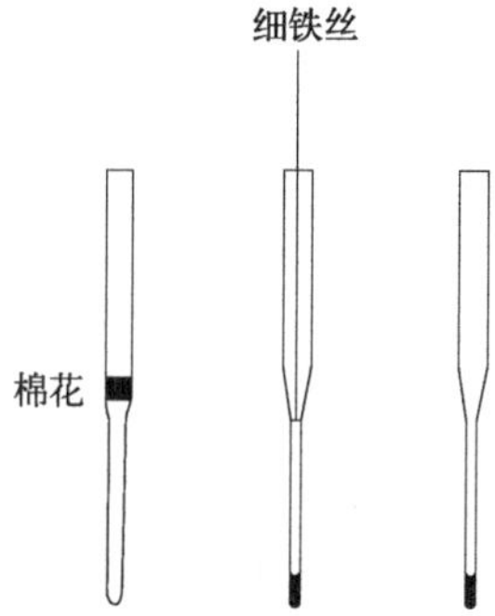

图 1-20 过滤滴管的制作

(3) 离心过滤

此方法是将盛有混合物的离心试管放入离心机进行离心沉淀，使固体沉降到离心试管底部，然后用滴管吸去上层清液。这种方法比较适用于保留固体的过滤操作，如图 1-22 所示。

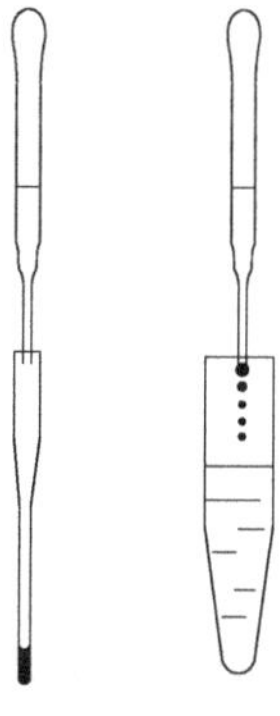

图 1-21 微量液体过滤

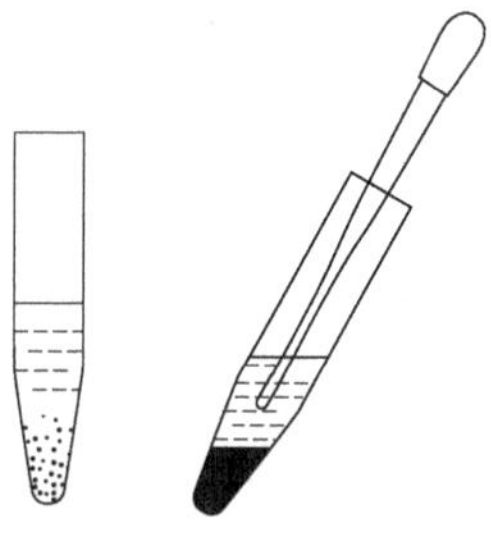

图 1-22 离心分离微量液体

(4) 热过滤

微量液体的热过滤可用过滤滴管过滤。即用细端填有棉花的过滤滴管吸取热的过滤液，然后将带有棉花的细管部分截去，再将滤液转移到干净的容器中即可。

也可取一段长短合适的玻璃管，在其靠近一端处熔融拉细制成一带有喇叭口的毛细滴管，在喇叭口里塞进一小团棉花，滴管上部套上橡胶滴头，如图 1-23 所示，然后从喇叭口吸取热溶液进行过滤，再用镊子除去过滤用的棉花，将滤液转移至干净容器中即可。

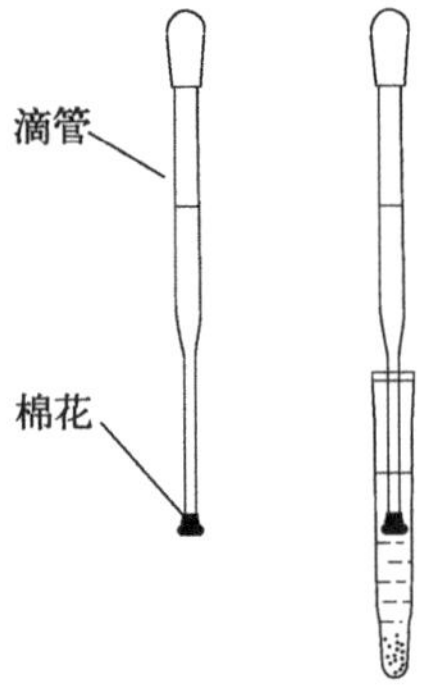

图 1-23　喇叭口过滤滴管的过滤

(5) 常压常温自然过滤

在普通玻璃漏斗中放入滤纸，为了加大过滤速度，滤纸要紧贴着漏斗。折叠的滤纸应该紧密地贴在漏斗壁上，这时在滤纸三层与一层的邻接部分产生毛细管通道。解决这个问题可采用以下两种方法。

第一种方法是将圆形滤纸折叠为半圆［图 1-24(a)］，将上面的一半沿着图上的线剪开，得到面积 6 mm×15 mm 的舌状物［图 1-24(b)］。把舌状物向外弄平，将滤纸折成四叠［图 1-24(c)］，舌状物遂阻止了毛细管通道［图 1-24(d)］。

第二种方法是把滤纸对折并剪去一角［图 1-24(e)］，把折叠的滤纸放入漏斗中，使剪去的部分贴靠在漏斗的壁上［图 1-24(f)］。

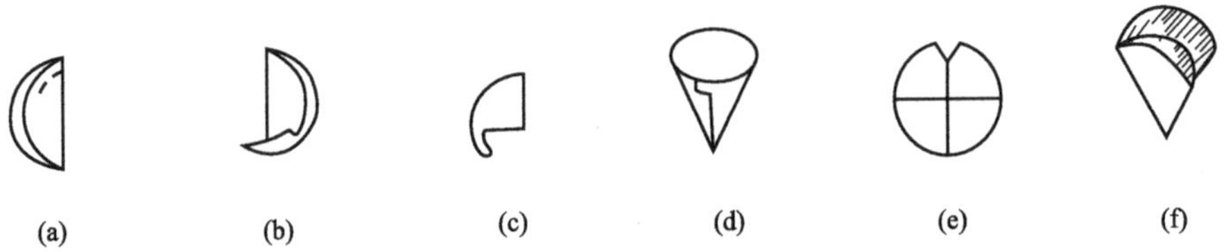

图 1-24　滤纸的折叠方法

滤纸的大小要选择适当，放入漏斗中的滤纸边缘要低于漏斗的边缘 0.5～1.0 cm。将放入漏斗的滤纸用待过滤液体湿润，在过滤有机溶液时用纯净溶剂湿润。过滤时不应注入过多的液体，液体的高度应低于滤纸的边缘。

使用折叠（扇形）滤纸可显著加快过滤速度。这种滤纸的折叠方法如图 1-25 所示。将圆形滤纸对折，然后再对折成四份；将 2 与 3 对折成 4，1 与 3 对折成 5，如图（a)；2 与 5 对折成 6，1 与 4 对折成 7，如图（b)；2 与 4 对折成 8，1 与 5 对折成 9，如图（c)。这时，折好的滤纸边全部向外，角全部向里，如图（d)；再将滤纸反方向折叠，相邻的两条边对折即可得到图（e）的形状；然后将图（e）中的 1 和 2 向相反的方向折叠一次，可以得到一个完好的折叠滤纸，如图（f)。在折叠过程中应注意：所有折叠方向要一致，滤纸中央圆心部位不要用力折，以免破裂。

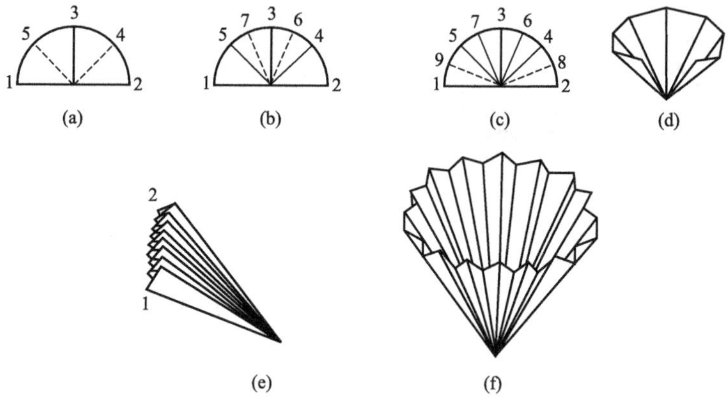

图 1-25　菊花形滤纸折叠方法

在图 1-26 中介绍了能自动地把液体加到漏斗中的最简单的过滤装置。在必须防止湿气作用的情况下过滤液体时，应使用特殊的漏斗（图 1-27），它可用插有氯化钙管的塞子盖住。

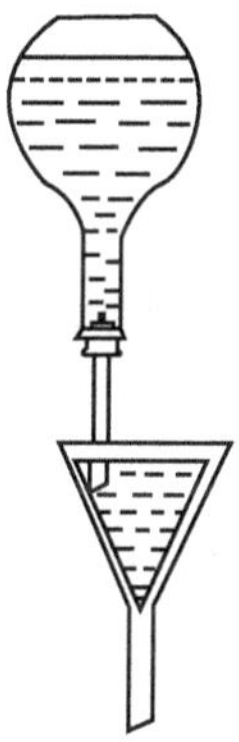

图 1-26　自动加液过滤

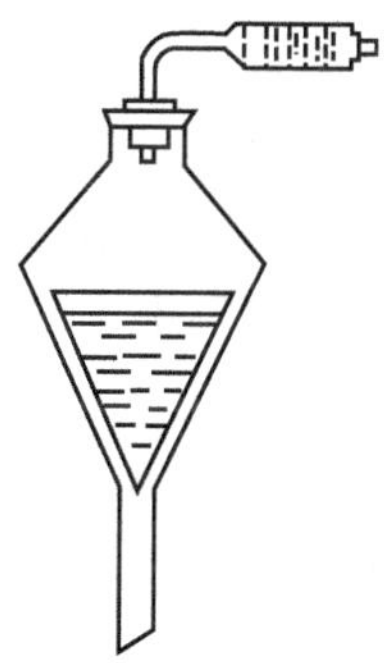

图 1-27　绝湿过滤

（6）低温过滤与加热保温过滤

低温过滤用如图 1-28 所示的特殊漏斗。图 1-28(a) 的漏斗插入冷却浴中，而在图 1-28(b) 中是带有冷却液（水、盐水）夹套的漏斗。

热溶液过滤时，为了防止物质在滤纸或漏斗颈中结晶而引起损失，把漏斗放在加热器中进行热过滤。这种加热器可以用漏斗加热套或加热夹套（图 1-29）。向夹套中注满水，将装好滤纸的玻璃漏斗放入，然后加热夹套的支管，直到水沸腾；随后小火保温，过滤热的饱和溶液时应尽可能迅速操作。

1.3.3　萃取

萃取也是分离和提纯有机化合物常用的操作。通常根据被萃取物质的状态分为液-液萃取和固-液萃取。

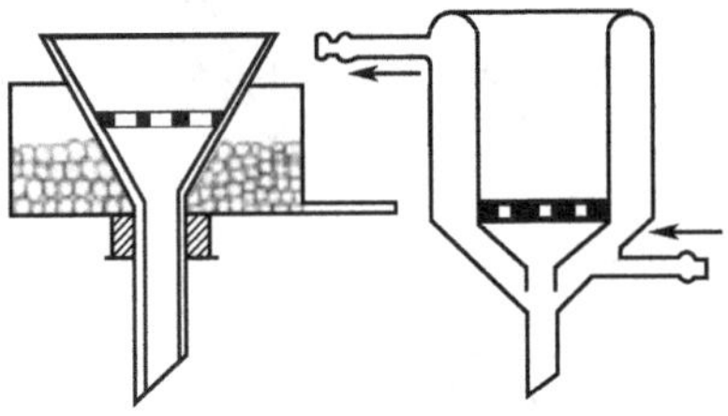

图 1-28 冷却过滤

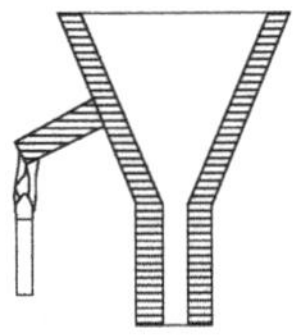

图 1-29 漏斗加热夹套装置示意图

(1) 液-液萃取

通常用分液漏斗来进行液-液萃取。当混合液体总量达 5 mL 以上时，用 10 mL 的分液漏斗操作方便。分液前，必须检查分液漏斗的顶塞和旋塞是否严密，以免分液漏斗在使用过程中发生泄漏而造成损失。

在微型实验中，若待分离液体仅 2～3 mL，甚至只有几十微升时，用分液漏斗显然不很理想，可用离心试管和毛细滴管的橡胶滴头鼓泡搅动，或将离心试管加盖后振荡，开塞放气使两者充分混合后加塞静置分层，然后用毛细滴管将其中一层吸出，达到分离的目的，如图 1-30 所示。

(2) 固-液萃取

① 利用圆底烧瓶、微型蒸馏头和冷凝管（图 1-31），将固体混合物研细后置于微型蒸馏头的承接阱中，在承接阱中的溶剂随即溢出进入烧瓶中，如此反复可使混合物中的可溶性成分进入溶剂中而被萃取。

② 若被萃取物质的溶解度较小，可采用简易微型提取器（图 1-32），即把待萃取固体放在折叠滤纸中，加热回流，使所要萃取的物质进入烧瓶中。

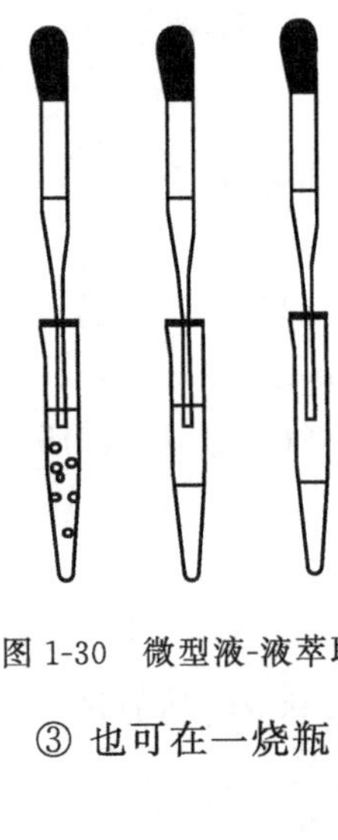

图 1-30 微型液-液萃取

图 1-31 用微型蒸馏头萃取

图 1-32 简易微型提取器

③ 也可在一烧瓶口熔接一玻璃钩，将一底部为砂芯制作的玻璃小吊篮悬挂其

上，篮中放入待萃取的固体，烧瓶上口接冷凝管，组成简易固-液提取器，加入所需溶剂，加热回流使有效成分进入溶剂中。

(3) 轻溶剂提取

装置如图 1-33 所示。轻溶剂加入试管 3 的底部，轻溶剂在浮升到溶液顶部的过程中，提取了溶在溶液中的物质，提取液经过侧管流入圆底烧瓶 1 中。也可以采用各部件由磨口连接的提取器，而漏斗 2 的颈管的尾端，焊有多孔玻璃板。轻溶剂通过此板时，能更好地分散在溶液中，因而提取效果更好。

用较轻的溶剂提取大量液体的简单实验装置见图 1-34，它易于装配。在大玻璃瓶 4 上装上泵封搅拌器，注入（几乎注满）被提取的液体。在圆底烧瓶 1 中装入溶剂，在水浴中加热至沸。溶剂蒸气由圆底烧瓶 1 经导管 2 到管子 3 的顶部，再到球形冷凝管。冷凝液经管子 3 流入玻璃瓶 4，向上浮升变成为提取液而集结在溶液之上。提取液经由浸在轻溶剂中的管子 5 而流回烧瓶 1。末端连接漏斗的管子 6 灌满被提取的溶液，它用来调节玻璃瓶 4 中的液面。当烧瓶 1 中的提取液太浓时，将仪器冷却，拆下烧瓶 1，倒出提取液并在烧瓶中重新注入新的轻溶剂。图 1-35 也可用于大量物质的提取，该装置的各部分由磨口连接。

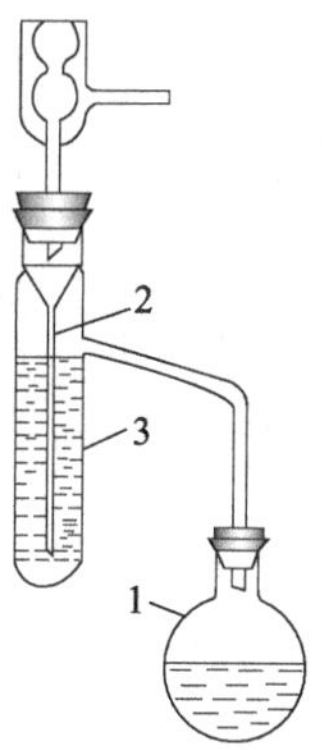

图 1-33 轻溶剂提取装置示意图

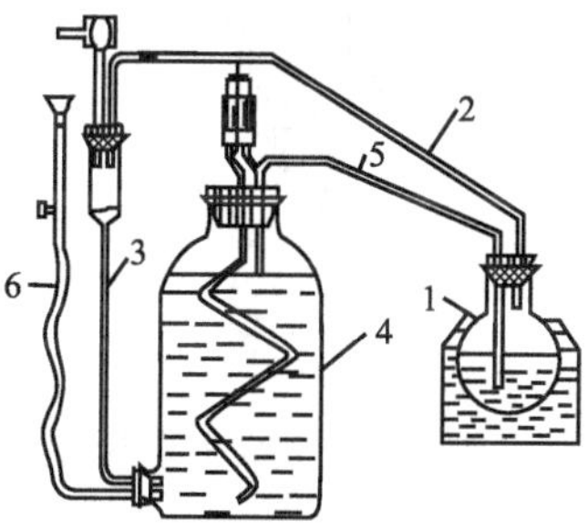

图 1-34 轻溶剂提取大量液体装置示意图（一）

(4) 重溶剂提取

用重溶剂（如氯仿、四氯化碳等）连续提取液体的装置见图 1-36。

(5) 固体物质的提取

固体物质的提取是在索氏（Soxhlet）抽提器（图 1-37）中进行的。装有部分溶剂的烧瓶 1 与专门的提取接头连接。接头的上口由橡皮塞与球形冷凝管连接。提取接头内放入用滤纸制成的纸筒 2，内装被提取的物质。仪器装好后，把烧瓶中的溶剂加热至沸腾，蒸气经由管子 3 进入冷凝管；冷凝液流入纸筒 2，提取液经管子 4 流回烧瓶 1。因为提取的速度在很大程度上取决于温度，常用特殊的、用溶剂蒸气加热的提取接头（图 1-38）。

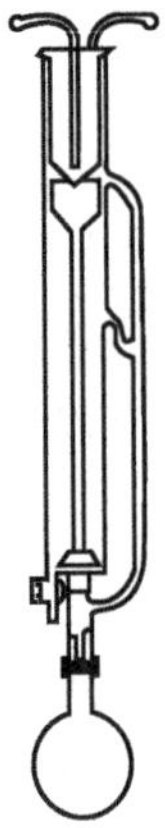

图 1-35 轻溶剂提取大量液体装置示意图（二）

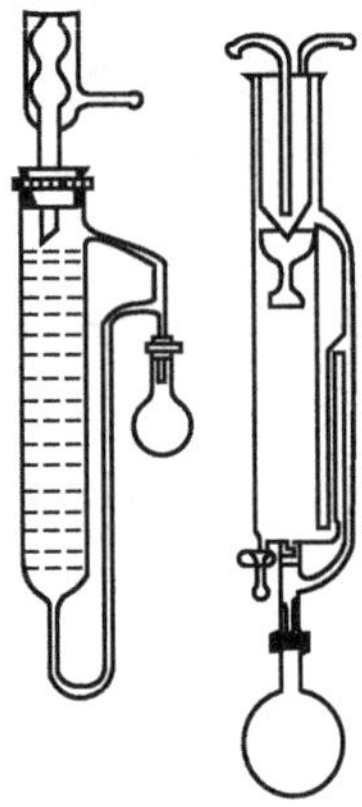

图 1-36 重溶剂提取装置示意图

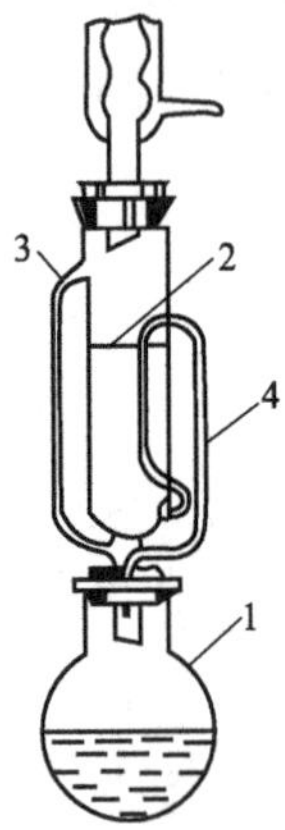

图 1-37 索氏提取器

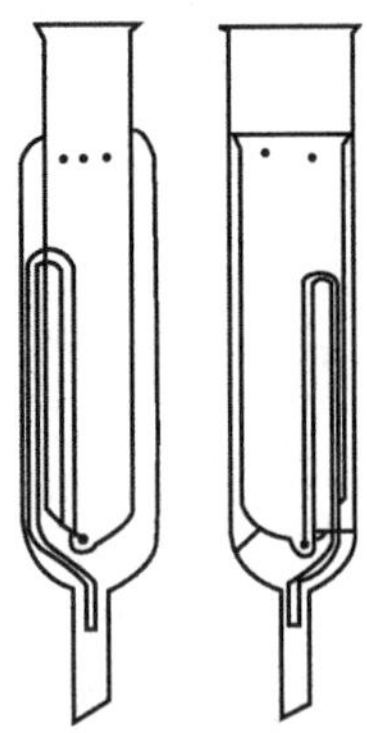

图 1-38 加热套的提取接头

1.3.4 重结晶

高分子化学合成的目的在于得到纯物质，但反应产物中常含有多余的原料和副反应产物，因此需加以纯化。根据反应产物的理化性质选择方法，液体可采用蒸馏方法纯化，固体物质则用结晶、重结晶、升华、沉淀等方法来纯化。

(1) 结晶

结晶法是基于物质与杂质的溶解度不同进行提纯的。结晶操作的步骤如下：

① 将物质溶在选妥的溶剂中，制成沸腾的饱和溶液；

② 将热溶液过滤以除去机械杂质和不溶性化合物；

③ 将溶液冷却以使物质结晶；

④ 洗涤和干燥结晶。

反复结晶若干次得到的物质仍有恒定熔点，即经重结晶亦不改变。

溶剂的选择，根据被精制物质的性质来选择溶剂。通常根据相似相溶的原理，例如低级酯是固体高级酯的良好溶剂，溶解高级醇可用低级醇等。在同系列中，低级的比高级的更容易溶解。具有离子结构的物质易溶于高介电常数的溶剂中，像水和乙醇；极性化合物易溶于水、醇、酮、酯和酸等极性溶剂中，而难溶于苯和四氯化碳等非极性溶剂中。

结晶过程所用溶剂的选择应该符合下列要求：

① 不应与待结晶的化合物起反应；

② 在低温和高温，结晶物质的溶解度差别显著；

③ 主要物质（被精制的）比杂质在该溶剂中更易溶解；

④ 能生成稳定的结晶；

⑤ 吸附在结晶表面上的溶剂易于除去。

在结晶时，通常避免使用易挥发的溶剂，如乙醚或二硫化碳，因为它们易于从溶液或结晶表面上挥发。使用易燃溶剂时，特别是与空气能形成爆炸性混合物的溶剂，在加热溶解时应特别小心。尤其以二硫化碳最危险，它的自燃温度（在没有火焰时）低于 100 ℃，当它的蒸气与沸水表面接触时，就可以引起爆炸。这是实验室中限制使用二硫化碳的原因。某些溶剂的物理性质列于表 1-6。

表 1-6 某些溶剂的物理性质

溶剂	相对密度 d_{20}^{20}	沸点/℃	溶解度/(g/100 mL H_2O)	133 Pa 时的燃点/℃	蒸气与空气形成爆炸性混合物的极限(体积分数)/%	
					下限	上限
丙酮	0.702	56.3	∞	−20	2	13
苯	0.879	80.2	0.08	−16	1.4	9.5
氯仿	1.482	61.2	1.0		难燃	难燃
四氯化碳	1.595	76.7	0.08		不燃	不燃
二硫化碳	1.263	46.3	0.22	−25.5	1	50
乙醇	0.780	78.3	∞	+12	3.3	19
乙醚	0.714	34.5	7.5	−40	1.85	40
石油醚	0.7～0.74	20～80	—	−10	1.4	8.0
汽油类	0.77～0.79	130～200	—	+15	1.3	7.0
甲醇	0.701	64.7	∞	约 0	5.5	37
吡啶	0.982	115.4	∞	+20	1.8	12.4
甲苯	0.866	110.6	—	约 5	1.3	7

溶剂及其用量可根据文献中有关该化合物溶解度数据来确定。没有文献资料时，溶剂及其用量可由实验方法加以选择。为此，把少量（约 0.1 g）研细的物质

放入试管中，加入 1 mL 溶剂，加热并观察溶解及冷却时结晶的情况。

在研究物质的溶解度时，常常按下列次序选择溶剂：水、甲醇或乙醇、醋酸或醋酸乙酯、氯仿或四氯化碳、苯，最后是石油醚或汽油。假使物质不溶解在这些溶剂中，则试验它在吡啶、硝基苯、丙酮和乙醚中的溶解度。找到合适的溶剂后，将液体在试管中加热到沸腾。假使物质不完全溶解，则再加入少量（0.5 mL）溶剂，加热至沸，必要时重复上述操作。待物质溶解以后，将溶液冷却以引起结晶。如果杂质在选定的溶剂中难溶解，则再加入 1 mL 溶剂后将溶液趁热过滤，然后用新的纯溶剂分批加入处理沉淀，以检验它的溶解度。

假如被研究的物质很容易溶解在该溶剂中，甚至在冷冻时也不结晶，而在另一溶剂中又难溶解，则应该用这些溶剂的混合液进行结晶试验。可向该物质与易溶溶剂构成的热溶液中滴加难溶溶剂，直到出现稳定的浑浊为止。将此混合溶液加热到澄清，然后放置使之结晶。

经上述方法选妥溶剂以后，采用重结晶精制全部粗样品。

溶解：将称过质量的粗品（未精制品）放在圆底烧瓶或锥形瓶中，向烧瓶中加入几块多孔瓷片或几根长毛细管，其封闭的一端达到烧瓶瓶颈，中部装上球形冷凝管，然后向烧瓶中加入足够量的溶剂，将混合物加热到沸腾。假使物质不完全溶解，可经冷凝管补加一些溶剂。沸腾的溶液应是澄清的，若增补溶剂继续沸腾一段时间后不溶物的量没有减少，则应趁热滤去不溶物。

杂质的初步分离：未精制的固体产物常含有有色杂质、树脂状的聚合产物或热分解产物。这些杂质难以用结晶法除去。可向粗产品液中加入吸附剂，采用共沸的办法脱除有色杂质。常用吸附剂是活性炭。

活性炭的吸附能力依照下列溶剂次序而减弱：水、乙醇、甲醇、醋酸、丙酮、氯仿。为了避免吸附主要产物，不应加入过多的活性炭。活性炭的加入量通常为待精制物的 1%～2%。

待物质溶解后，向溶液中加入活性炭（为避免溶液暴沸，不得将活性炭加入到很热的溶液中），将混合物加热回流 5～10 min。除了活性炭，常用的吸附剂还有硅胶、氯化铝、硅藻土、白垩、滑石粉等。

（2）微量重结晶

重结晶提纯法的原理是利用混合物中各组分在某种溶剂中的溶解度不同而使它们互相分离。

重结晶提纯法的一般过程如下。

① 选择合适的溶剂。溶剂必须符合以下条件：a）不与重结晶物质发生化学反应；b）重结晶物质在溶剂中的溶解度在高温时较大，而在低温时则很小；c）能使溶解性杂质保留在母液中，容易与重结晶物质分离。

② 将粗产物溶于适宜的热溶剂中制成饱和溶液。固体的溶解应视溶剂的性质不同而选择不同的加热和操作方式，如用乙醚作溶剂时必须避免直火加热，用易挥

发有机溶剂溶解时则应在回流装置中操作。

③ 脱色：如溶液中存在有色杂质则应先加入活性炭，加热进行脱色处理。

④ 采用热过滤装置趁热除去不溶性杂质。

⑤ 冷却或蒸发滤液，使之慢慢析出结晶而杂质留在母液中。

⑥ 结晶析出后，用玻璃钉漏斗抽滤、洗涤收集重结晶产物。

一般用 5～10 mL 锥形瓶进行加热溶解，脱色、热过滤后冷却析出结晶，抽滤、洗涤得重结晶产物。

当重结晶物质的质量为 10～100 mg 时，也可用重结晶管法进行重结晶。将粗产品加热溶解，经脱色、热过滤后，滤液用重结晶管收集，冷却或蒸发溶剂，使结晶析出，然后插上重结晶管的上管，放入离心试管中，离心后滤液流入试管中，而结晶则留在重结晶管的砂芯玻璃上，借助于系在重结晶管上的金属丝将重结晶管从离心试管中取出，如图 1-39 所示。

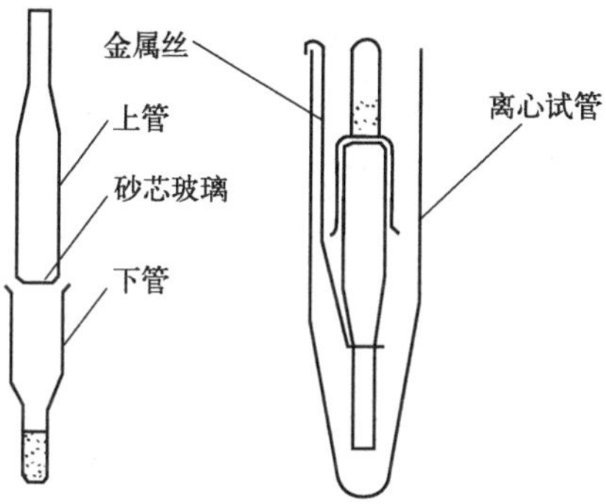

图 1-39　重结晶管

(3) 沉淀、重沉淀

高分子化合物有时不能结晶，一般不能采用重结晶方法，而是采用不同溶剂溶解、过滤去杂质、分级，然后加入沉淀剂或低温沉淀的方法分级、纯化。

1.3.5 升华

具有较高蒸气压的固体有机物受热后往往不经过熔融状态而直接变成蒸气，这个过程叫升华，蒸气遇冷后又直接变成固体。

像蒸馏一样，根据物质的分解温度可以在常压或减压下进行升华。升华一定量物质的最简单装置见图 1-40。将物质放在盖有多孔石棉板的瓷蒸发皿中，用玻璃漏斗盖住蒸发皿，它的颈管用棉花团塞住。当蒸发皿受热时，物质的蒸气经过石棉板上的孔进入冷处，并结晶在漏斗壁上。上述的装置通常只用于定性试验。

利用图 1-41 所示的装置，在空气或惰性气流（氮气、二氧化碳）中进行物质升华时效率较高。将被升华的物质放在由耐火玻璃制成的锥形瓶 1 中，在石棉网上加热，物质蒸气被气流（或空气流）带走，进入圆底烧瓶 2，凝结在用水流冷却的瓶壁上。在接液管 3 和烧瓶 2 的颈部之间的空间用玻璃棉塞好。

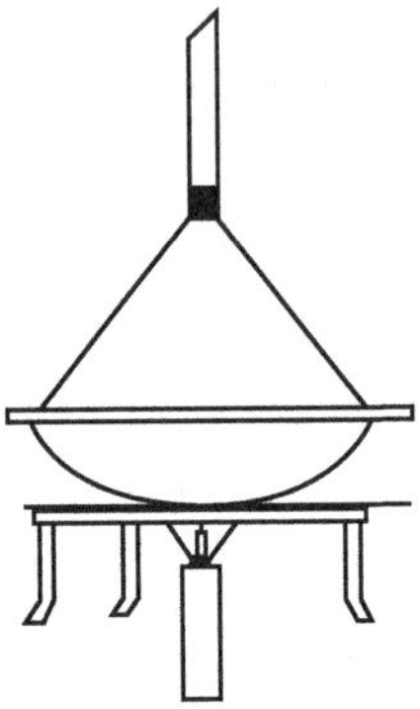

图 1-40 简易升华装置

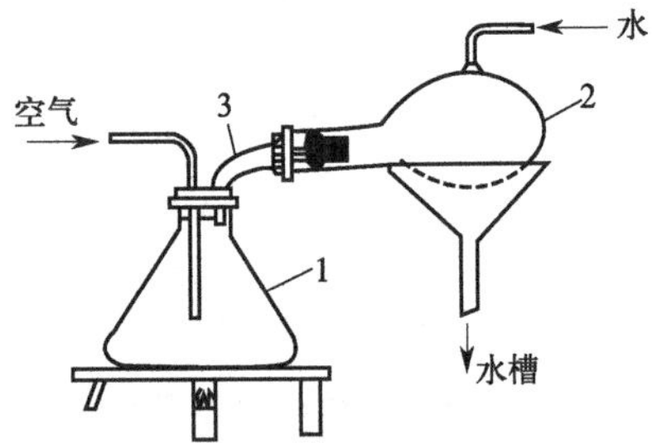

图 1-41 载气氛围升华装置

在升华过程中，盛有物质的烧瓶在加热时应极其小心，稍有过热就可能促进被升华物质的迅速热分解。减压升华则可以避免物质的热分解。简单的用于少量物质减压升华的装置见图 1-42 所示，而量较大的物质的减压升华可用图 1-43 的装置。

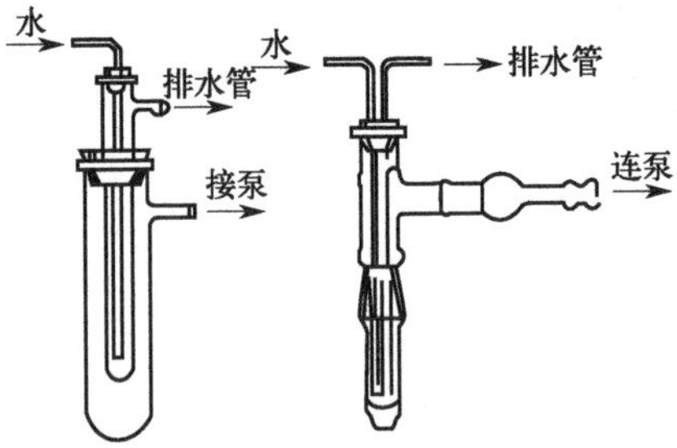

图 1-42 少量物质减压升华装置

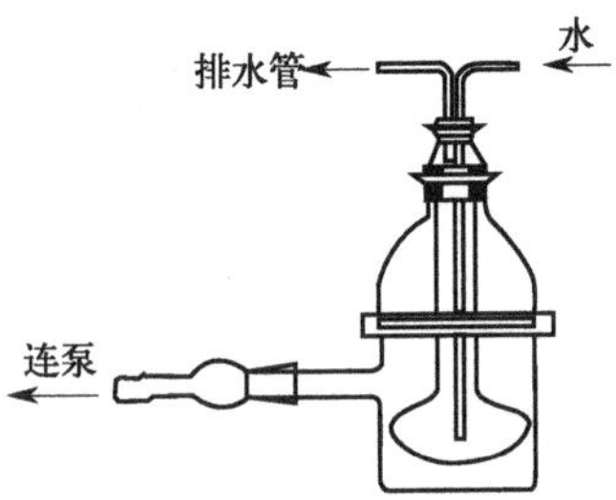

图 1-43 大量物质减压升华装置

易分解和具有较低蒸气压的物质只可在高真空的特殊仪器中进行升华。

微型真空指形冷凝器（简称真空冷指）是集冷凝和抽真空的功能于一体，常用于微量物质的升华。采用此装置可进行常压或减压升华操作，物质受热凝结在冷凝指上。

第二章

基础实验

实验1 碱性介质中酚醛树脂的缩合反应

一、实验目的

1. 掌握缩聚反应的原理和聚合实施方法。
2. 掌握热固性酚醛树脂的碱法合成原理和酚醛树脂的固化方法。
3. 了解原料配比对高聚物结构与性能的影响。

二、实验原理

酚醛树脂（phenolic resin，PF），俗称电木或电木粉，为黄色、透明、无定形块状物质，因含有游离水分子而呈微红色，相对密度1.25～1.30。市售的酚醛树脂往往添加了着色剂而呈红、黄、黑、绿、棕、蓝等颜色，呈颗粒状或粉末状。酚醛树脂耐弱酸和弱碱，遇强酸发生分解，遇强碱发生腐蚀；不溶于水，但溶于丙酮、乙醇等有机溶剂中。酚醛树脂按不同的分类方法可以分为线型、体型，热塑性、热固性，水溶性、油溶性。主要用于生产压塑粉、层压塑料，制造清漆或绝缘漆、耐腐蚀涂料，制造日用品、装饰品，制造隔声、隔热材料等。常见的高压电插座、家具塑料把手等都是由酚醛树脂制成的。

酚醛树脂是由酚类化合物（如苯酚、甲酚、二甲酚、间苯二酚、叔丁酚、双酚A等）与醛类化合物（如甲醛、乙醛、多聚甲醛、糠醛等）在碱性或酸性催化剂作用下，经加成缩聚反应制得。酚与醛的反应是比较复杂的，苯酚与甲醛的摩尔比以及所用催化剂不同，加成缩聚反应速率和生成物会有较大的差异，其反应方程式可以表示为：

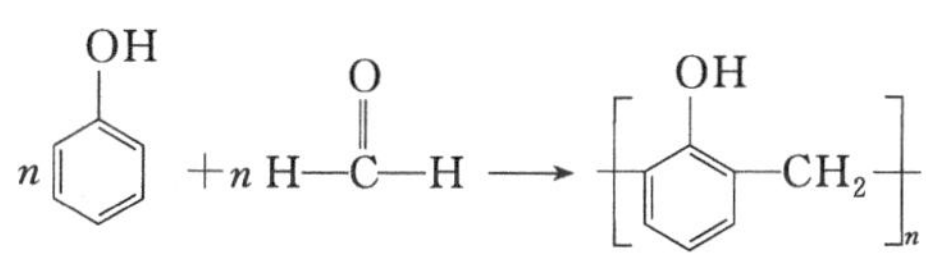

如果采用合适的催化剂，苯酚羟基对位上的氢原子也可以和甲醛进行缩聚，使分子链之间发生交联，生成体型酚醛树脂：

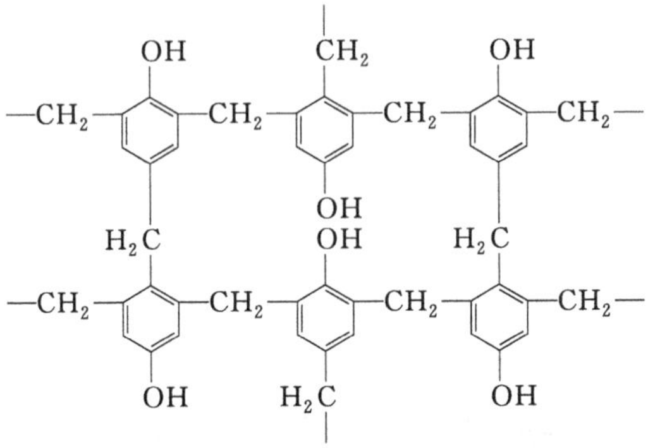

很多无机碱和有机碱都可用作碱性催化剂，如氢氧化钠、氢氧化钡、氨水、氢氧化钙、乙胺等。在碱性催化条件下，酚醛树脂的合成反应分为两步，首先是苯酚与甲醛的加成反应，随后是缩合及缩聚反应。

(1) 加成反应（羟甲基化）

苯酚与甲醛首先进行加成反应，生成邻羟甲基苯酚和对羟甲基苯酚，反应方程式如下：

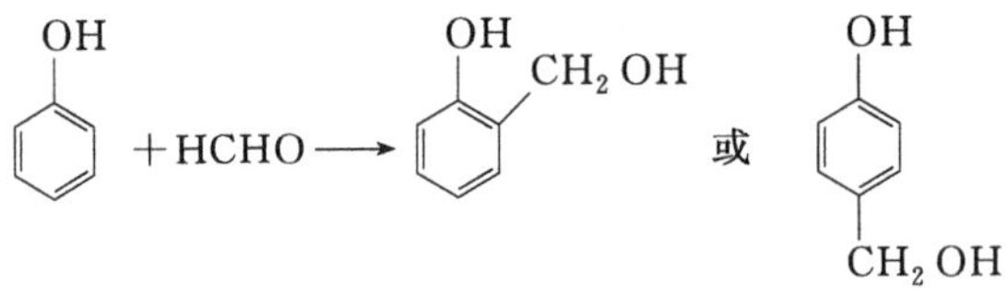

在适当条件下，一元羟甲基苯酚继续进行加成反应，可生成二元及多元羟甲基苯酚：

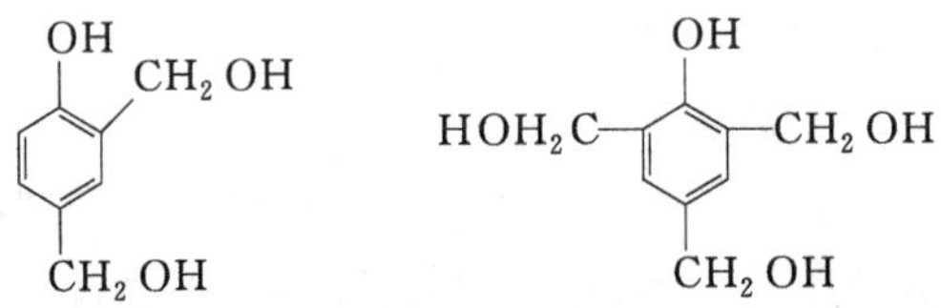

二元羟甲基苯酚　　多元羟甲基苯酚

(2) 缩合及缩聚反应（亚甲基化）

根据反应条件的不同，反应可以发生在羟甲基苯酚与苯酚分子之间，也可发生在羟甲基苯酚分子之间，反应方程式如下：

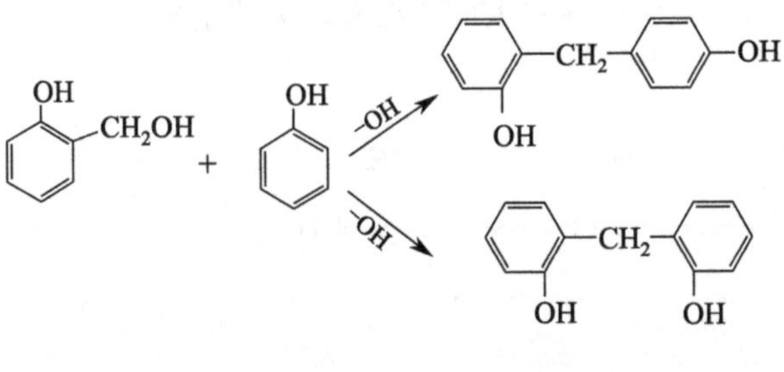

2,4′-二羟基二苯基甲烷

2,2′-二羟基二苯基甲烷

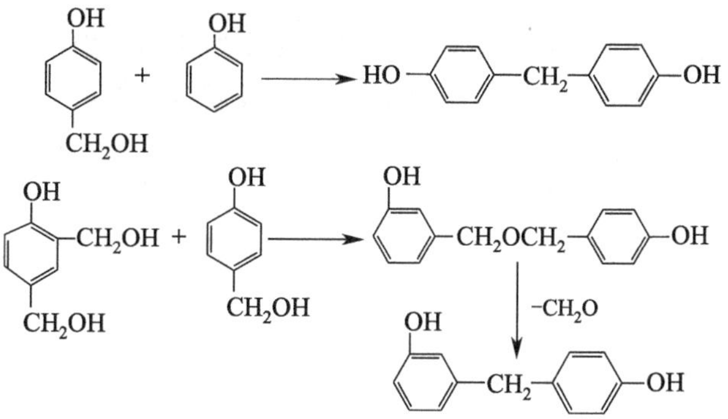

由于缩聚反应具有逐步反应的特点，中间产物相当稳定，因而能够分离而加以研究。多年来研究通常认为，影响酚醛树脂的合成、结构及特性的主要因素有：原料的化学结构，酚与醛的摩尔比，反应介质的酸、碱性，生产操作条件等。

酚、醛缩聚时可以得到不同阶段的产物，首先得到线型树脂，是液体、半流体或固体，可以溶解和熔融，称为甲阶产物；继续缩合则得到乙阶产物，不能溶解，仅能溶胀，可以熔融；再进一步缩合，则得到丙阶产物，即体型缩合产物，不能溶胀，也不熔融。合成酚醛树脂一般停留在甲阶产物阶段，乙、丙阶产物阶段则是在进一步的成型加工中形成的。本实验在使用碱性催化剂、醛过量的条件下，使反应停留在酚醛树脂的初期阶段，以获得水溶性酚醛树脂。

三、实验试剂与仪器

试剂：苯酚、37%甲醛水溶液、$Ba(OH)_2 \cdot 8H_2O$、10%硫酸。

仪器：搅拌器、温度计、试管、三口烧瓶、球形冷凝管、减压蒸馏装置。

四、实验内容与方案

在一个装有搅拌器、球形冷凝管、温度计的 250 mL 三口烧瓶中，加入 18.8 g (0.2 mol) 苯酚、25 g 37%甲醛水溶液（0.308 mol）和 0.74 mg $Ba(OH)_2 \cdot 8H_2O$，将混合物在 70 ℃加热回流 2 h。然后用 10%硫酸溶液把反应混合物的 pH 值调至 6～7，关闭搅拌器，分相后测定 pH 值。最后把球形冷凝管换成直形冷凝管进行减压蒸馏（在 30～50 kPa 下），把水蒸出。减压蒸馏的温度不可超过 70 ℃。每隔 20 min 中断蒸馏取样。如果样品固化后不发黏，便终止反应（树脂一旦变黏时，则每隔 10 min 取一次样；当 8 h 后终止缩合反应时，缩聚物在 70 ℃下是相当黏的，但仍具有很好的流动）。反应混合物从烧瓶中倾出后，固化为可溶、可熔的物质，即可溶性或热塑性酚醛树脂。

如果树脂进一步加热，缩聚反应继续进行，则得到不溶、但仍可溶胀熔融的产物，称之为半可溶性酚醛树脂。

再进一步加热，则形成高度交联、不溶、也不熔化的热固性酚醛树脂。把一个缩聚样品在试管中加热到 100 ℃，直至得到一个硬固体，把试管打破取出固体。试比较不溶（熔）性与可溶性酚醛树脂在乙醇溶剂中的溶解性。在可溶性酚醛树脂中加入锯末、石灰、颜料等填料，能够加工为模压材料，并在压力下使之硬化。

五、思考题

1. 简述苯酚-甲醛缩合反应机理，催化剂对聚合反应有何影响？
2. 简述缩聚反应的特征。
3. 什么是热塑性树脂和热固性树脂？分别列举 3～5 种。

实验 2 双酚 A 型环氧树脂的制备

一、实验目的

1. 了解环氧树脂及其制备过程。
2. 掌握环氧树脂固化机理和环氧值测定方法。

二、实验原理

环氧树脂是指分子中至少含有两个反应性环氧基团的树脂化合物。环氧树脂经固化后有许多优异性能，如很强的黏着力（特别是对金属）、卓越的耐化学品腐蚀性、高力学强度、优异的电绝缘性等。此外，环氧树脂可以在相当宽的温度范围内固化，而且固化时体积缩小。环氧树脂的上述优异特性使它有着非常重要的用途，广泛用于黏合剂（万能胶）、涂料和复合材料等方面。

双酚 A 型环氧树脂是环氧树脂中产量最大、使用最广的一个品种，它是由双酚 A[2,2-二(4-羟基苯基)丙烷,BPA]和环氧氯丙烷在氢氧化钠的催化下反应生成的：

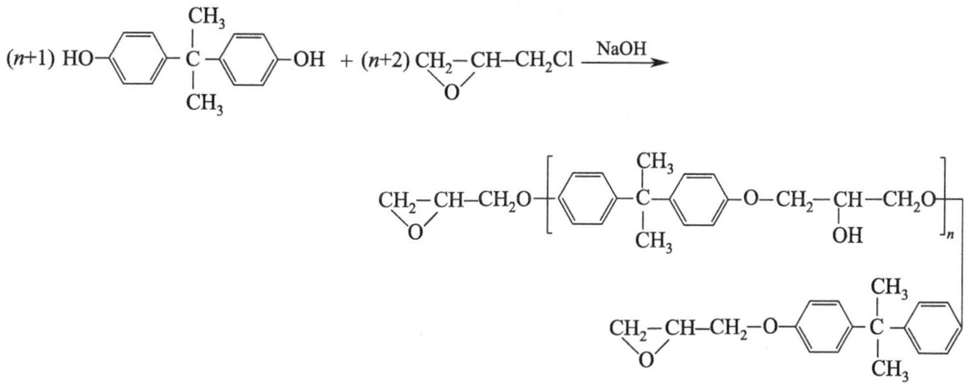

式中，n 一般在 0～25 之间。根据分子量大小，环氧树脂可以分成不同型号。一般低分子量环氧树脂 n 的平均值小于 2，也称为软环氧树脂、中等分子量环氧树脂；n 值在 2～5 的树脂称为高分子量环氧树脂。在我国分子量为 370 的产品称为环氧 618，而分子量在 450～500 左右的称为环氧 6101。实际生产中，树脂的分子量大小往往靠环氧氯丙烷与双酚 A 的用量比控制，制备环氧 618 时这一配比为 10，而制备环氧 6101 时该配比为 3。

环氧树脂在没有固化前为热塑性的线型结构，强度低，使用时必须加入固化剂。固化剂与环氧基团反应，形成交联的网状结构，成为不溶、不熔的热固性制品，具有良好的力学性能和尺寸稳定性。固化剂的种类很多，主要有多元胺和多元酸，它们的分子中都含有活泼氢原子，其中用得最多的是液态多元胺类，比如乙二胺、二亚乙基三胺和三乙胺等。乙二胺为室温固化剂，其固化机理如下：

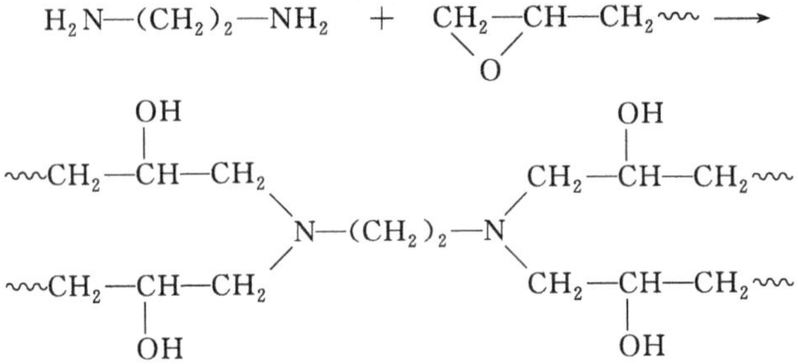

乙二胺的用量为：

$$G=\frac{M}{H_n}\times E=15E$$

式中，G 为每 100g 环氧树脂所需的乙二胺的质量；M 为乙二胺的分子量；H_n 为乙二胺中的活泼氢的总数；E 为环氧树脂的环氧值。固化剂的实际使用量一般为计算值的 1.1 倍。

环氧值是指每 100 g 树脂中含环氧基的物质的量，单位为 mol/100g 树脂。环氧当量指 1 mol 环氧基团的环氧树脂的质量，单位为 g/mol。应当把树脂的环氧值和环氧当量区别开来，两者关系如下：

$$\text{环氧值}(E)=\frac{100}{\text{环氧当量}}$$

本实验以三乙胺为固化剂制备环氧树脂 618(或 6101)。三乙胺分子中没有活泼氢原子，它的作用是将环氧键打开，生成氧负离子，氧负离子再打开另一个环氧键，以达到交联固化的目的。

三、实验试剂与仪器

试剂：双酚 A、环氧氯丙烷、NaOH、三乙胺、铝粉、铝片。

仪器：三口烧瓶、球形冷凝管、温度计、甘油浴、烧杯、搅拌器、螺丝夹。

四、实验内容与方案

1. 双酚 A 型环氧树脂的制备

在 250 mL 三口烧瓶上装上搅拌器、球形冷凝管和温度计，检查气密性。加入 5.7 g(0.025 mol) 双酚 A、23.5 g(0.25 mol) 环氧氯丙烷、0.2～0.3 mL 去离子水。称取 2.0 g(0.05 mol) NaOH，先加入 NaOH 总量的 1/5 并开动搅拌，加热至 80～90 ℃。反应放热并有白色物质（NaCl）生成。维持反应温度在 90 ℃，约 10 min 后再加入 1/5 NaOH；以后每隔 10 min 加一次 NaOH，每次都加总量的 1/5，直至将 NaOH 加完，再反应 25 min 后结束反应，产物为浅黄色液体。先将反应液过滤除去副产物 NaCl，再减压蒸馏除去过量的环氧氯丙烷（回收）；停止蒸馏，将蒸馏物趁热倒入小烧杯中，得到淡黄色、透明、黏稠的环氧树脂 618（又称 E-51）。

2. 环氧树脂的固化

在 50 mL 小烧杯中加入上述环氧树脂 618 5 g，再加入 0.5 g（树脂总量的 10%）三乙胺，搅匀；取出 2.5 g 树脂倒入一干燥的小试管或其他小容器（如瓶子的内盖）中，在室温下放置一昼夜，观察结果。

3. 用环氧树脂粘合铝片

将 2～3 mm 厚的铝片剪成 4 cm×3 cm 的铝条 10 根，用 70 ℃左右的洗液处理 10～15 min，洗涤烘干。在 2.5 g 树脂中加入 1 g 铝粉，搅匀制成黏合剂。用一玻璃棒将配好的黏合剂均匀涂于铝条一端，面积约 1 cm^2。涂层约 0.2 mm 厚，不宜过厚。将另一铝条轻轻贴上，用螺丝夹小心固定，于室温放置一周后，测试剪切强度。

五、注意事项

1. 用过的三口烧瓶可先用少量甲苯涮洗，而后再用少量丙酮洗涤，最后用去离子水洗净。

2. 几种常用的环氧树脂胶黏剂的配方和它们的固化条件如下。

① 配方 1：环氧树脂 618 100 份，邻苯二甲酸二丁酯 20 份，A23（300 目）100 份，乙二胺 8 份。固化条件：25 ℃下 48 h，80 ℃下 2～3 h，黏结铝片可达到 180 kgf/cm^2 的室温剪切强度。

② 配方 2：环氧树脂 618 100 份，低分子量聚酰胺 100 份，石英粉（200 目）40 份。固化条件：室温下三天，80 ℃下 3 h。黏结铝片可达 250 kgf/cm^2 剪切强度。

③ 配方 3：环氧树脂 618 100 份，双氰胺 6 份，石英粉（200 目）40 份。固化条件：150 ℃下 4 h（或 180 ℃下 2 h）。黏结铝片的剪切强度可达 200 kgf/cm^2 以上。双氰胺是高温固化剂，所以本配方在室温下可保存 6 个月不固化。双氰胺因此又被称为“潜伏”型固化剂。

3. 环氧值的测定：取两个 125 mL 碘量瓶，在分析天平上各称取 1 g 左右环氧树脂，用移液管加入 25 mL 盐酸-丙酮溶液（将 2 mL 浓盐酸加入 80 mL 丙酮中，现配现用），加盖后摇动使树脂完全溶解。在阴凉处放置 1 h 后加入酚酞指示剂 3 滴，用 NaOH-乙醇溶液滴定，并按上述条件做空白滴定两次。

六、思考题

1. 实验中 NaOH 是分步加入反应体系中的，这有什么好处？为什么不将 NaOH 一次加完？

2. 注意事项中列有三个胶黏剂配方，请比较各配方的特点。如何增加树脂的韧性？

3. 写出使用二元酸、二元酸酐、多元胺、二异氰酸酯以及酚醛树脂为固化剂时环氧树脂的固化反应。

实验 3 界面缩聚法制备尼龙-66

一、实验目的

1. 了解缩聚反应的原理。
2. 学习以己二胺与己二酰氯进行界面缩聚反应制备尼龙-66 的方法。

二、实验原理

缩聚反应一般是逐步进行的，生成聚合物的分子量随反应程度的增加而逐步增大。例如二元胺与二元酸的缩聚反应通常在 200 ℃以上慢慢进行，经过 5～15 h 后才可获得高分子量的聚酰胺。

界面缩聚法是缩聚反应的特有实施方式，首先将两种单体分别溶解于互不相溶的两种溶剂中，然后将两种溶液混合，聚合反应只发生在两相溶液的界面上。界面聚合要求单体有很高的反应活性，例如实验室中常用己二胺与己二酰氯制备尼龙-66，其反应特征为：己二胺的水溶液为水相（上层），己二酰氯的正己烷溶液为有机相（下层）；两者混合时，由于氨基与酰氯的反应速率常数很高，在相界面上可迅速生成聚合物薄膜。

$$HOOC(CH_2)_4COOH \xrightarrow{SOCl_2} ClOC(CH_2)_4COCl$$

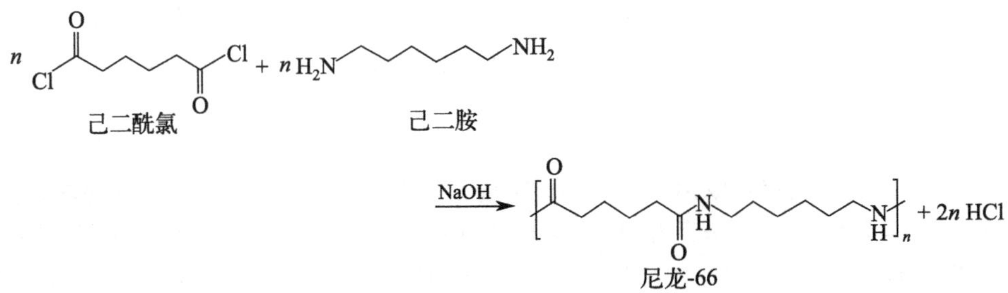

界面缩聚法具有下列优点：

① 设备简单，操作容易；

② 制备高分子量的聚合物常常不需要严格的等摩尔比；

③ 可连续性获得聚合物；

④ 反应快速；

⑤ 常温聚合，不需加热。

界面缩聚法已经应用于很多聚合物的合成，如聚酰胺、聚碳酸酯及聚氨基甲酸酯等。但是，这种聚合方法也有缺点，二元酰氯单体的成本高，需要使用和回收大量的溶剂等。

三、实验试剂与仪器

试剂：己二酸、二氯亚砜、二甲基甲酰胺、己二胺、己二酰氯、正己烷、氢氧化钠、盐酸、去离子水。

仪器：圆底烧瓶、球形冷凝管、氯化钙干燥管、水浴装置、油浴设备、蒸馏设备、150 mL 烧杯、玻璃棒、氯化氢气体吸收装置（见图 2-1 所示）。

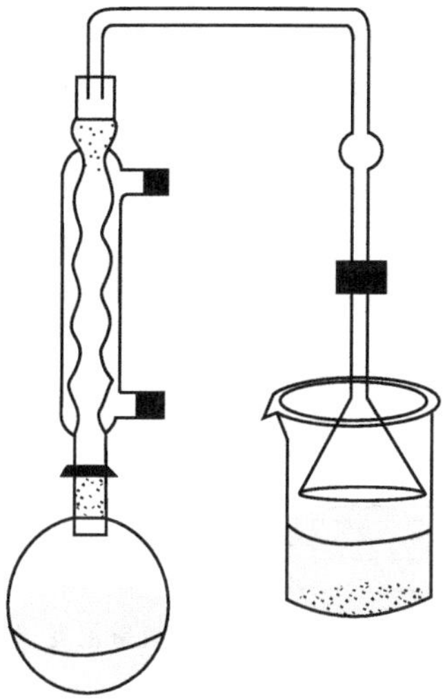

图 2-1 回流装置

四、实验内容与方案

1. 己二酰氯的合成

① 按图 2-1 在装有球形冷凝管的 50 mL 圆底烧瓶内（球形冷凝管上方装有氯化钙干燥管，后接有氯化氢吸收装置），加入己二酸 10 g、二氯亚砜 20 mL 及两滴二甲基甲酰胺，即有大量气体生成，加热回流反应 2 h 左右，直至没有氯化氢气体放出。

② 将回流装置改为蒸馏装置，先在常压下用水浴将过剩的二氯亚砜蒸出。

③ 为完全去除二氯亚砜，将水浴再改为油浴（60～80 ℃），真空减压至无二氯亚砜馏分析出为止。

④ 进行减压蒸馏，将己二酰氯蒸出（b. p. 135 ℃/25 mmHg）。产量约为 10 g。

2. 尼龙-66 的合成

① 按图 2-2 所示安装好反应装置。

② 己二酰氯 1.83 g 放入干燥的另一 150 mL 烧杯中，加入精制过的环己烷 50 mL 溶解，标记为 A。夏季气温高时须用冰从外部冷却烧杯，使溶液温度保持在

10～20 ℃。

③ 将己二胺 2.32 g 及氢氧化钠 1.6 g 放入 150 mL 烧杯中，加水 50 mL 溶解，标记为 B。注意：夏季气温高时加冰冷却外部，使水温保持在 10～20 ℃。

④ 将 A 杯中的溶液沿着玻璃棒徐徐倒入 B 杯内，立即在两界面上形成了半透明薄膜，此即尼龙-66。

⑤ 用玻璃棒小心将界面处的薄膜拉出，并缠绕在玻璃棒上，直至己二酰氯反应完毕。也可以使用导轮，借着重力，具有弹性丝状的尼龙-66 可连续不断地拉出。

⑥ 收集的丝状尼龙-66 先用 3%的盐酸溶液洗涤，再用去离子水洗涤至中性，然后在烘箱中干燥至恒重。

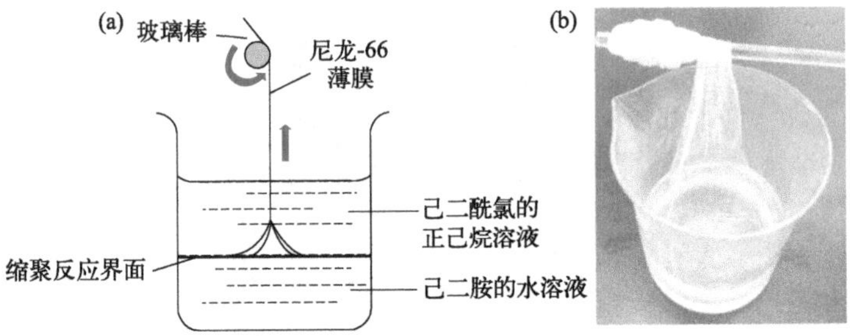

图 2-2 界面缩聚法制备尼龙-66

五、注意事项

1. 玻璃器具需事先清洗干净，并须注意连接口的气密性良好。
2. 环己烷须事先蒸馏或干燥。

六、思考题

1. 比较界面缩聚反应与其他缩聚反应的异同。
2. 影响聚合物分子量的因素有哪些？
3. 如何测定聚合反应的反应程度和分子量大小？
4. 界面缩聚法能否用于聚酯的合成？为什么？

实验 4 多嵌段聚醚氨酯的制备

一、实验目的

1. 掌握溶剂法和本体-溶剂法制备多嵌段聚醚氨酯的方法。
2. 通过制备聚醚氨酯，了解逐步加聚反应的特点。

二、实验原理

多嵌段聚醚氨酯是指分子链中交替含有聚醚链节和聚氨酯链节的一类高分子化合物。使用两端带羟基的聚醚与二异氰酸酯反应即可在高分子主链中引入聚醚链节和聚氨酯链节。为了赋予产品更好的性能，通常将端羟基醚与过量二异氰酸酯反应，产物再与小分子二元醇或二元胺反应，使分子量进一步加大，增大产物的力学强度和弹性。这一步反应称为扩链，小分子二元醇或二元胺称为扩链剂。

多嵌段聚醚氨酯可用$\left(\mathrm{A—B}\right)_n$表示；A 表示聚醚组分，称软段，它赋予共聚物柔性和弹性；B 表示二异氰酸酯与低分子二元醇羟基生成的氨基甲酸酯链节，称硬段，它赋予共聚物刚性、强度和物理交联点。软段和硬段由于热力学的不相容性，呈微相分离状态，从而使多嵌段聚醚氨酯具有许多优良特性，如高强度、高弹性、耐低温等。

聚醚氨酯合成是基于异氰酸酯与醇的反应：

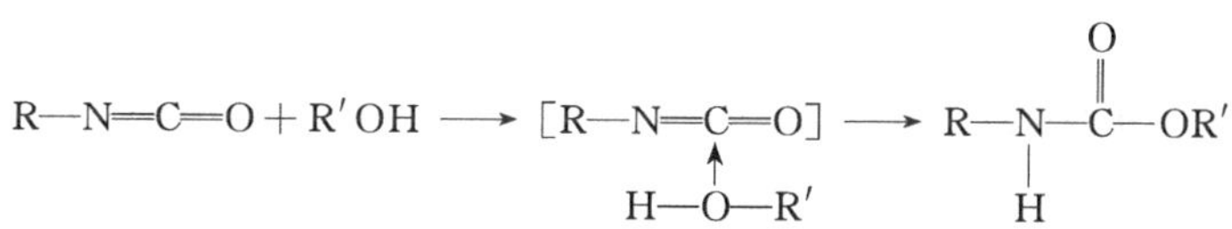

醇作为亲核试剂进攻异氰酸酯基中的碳原子，接着发生氢转移，即与醇中的氧原子相连的氢转移至氮原子上，形成氨基甲酸酯。

本实验以 4,4′-二苯基亚甲基二异氰酸酯、聚四氢呋喃和 1,4-丁二醇为原料，以二甲亚砜-甲基异丁基酮为溶剂合成聚醚氨酯（溶剂法）；或经本体缩聚，然后再加溶剂稀释制备聚醚氨酯（本体-溶剂法）。两种方法的反应原理相同，表示如下：

1. 制备预聚物

用 2 mol MDI 与 1 mol 聚四氢呋喃反应：

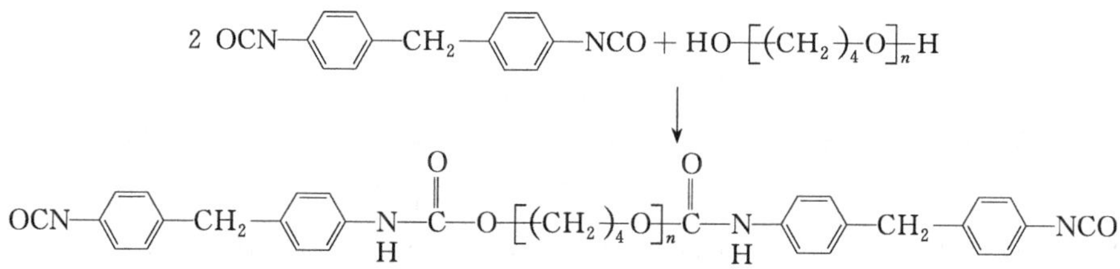

2. 扩链反应

用 OCN—R—NCO 表示预聚物，则扩链反应可表示为：

$$n\ \mathrm{OCN}\sim\!\sim\!\sim\mathrm{NCO}+n\ \mathrm{HO}\!\left(\mathrm{CH_2}\right)_4\mathrm{OH}\longrightarrow\left[-\overset{\displaystyle\mathrm{O}}{\overset{\|}{\mathrm{C}}}-\underset{\mathrm{H}}{\mathrm{N}}\sim\!\sim\!\sim\underset{\mathrm{H}}{\mathrm{N}}-\overset{\displaystyle\mathrm{O}}{\overset{\|}{\mathrm{C}}}\!\left(\mathrm{CH_2}\right)_4\mathrm{O}-\right]_n$$

用 B 表示氨基甲酸酯链节，A 表示为聚醚部分，则上式可表示为$\left(\mathrm{A}-\mathrm{B}\right)_n$，即 A-B 型多嵌段共聚物。

溶剂法制备聚醚氨酯遇到的困难是：无论采用 DMSO 还是 DMF，其中的水分非常难除尽，为制备线型聚醚氨酯带来困难。水与异氰酸酯基反应形成氨基，会引起聚醚氨酯交联，故稍不小心就会得到不溶性产物。本实验也可采用本体-溶剂法制备聚醚氨酯，即将聚醚滴加到 MDI 中完成预聚反应，再滴加丁二醇完成扩链反应，待反应物黏度增加之后，用溶剂 DMF 或 DMSO 稀释，继续反应一段时间出料。

三、实验试剂与仪器

试剂：4,4′-二苯基亚甲基二异氰酸酯（MDI）、聚四氢呋喃（端基为羟基，分子量约 1000）、1,4-丁二醇、甲基异丁基酮、二甲亚砜、二甲基甲酰胺、乙醇。

仪器：100 mL 磨口三口烧瓶、Y 形管、球形冷凝管、滴液漏斗、氯化钙干燥管、搅拌器、甘油浴、吹风机。

四、实验内容与方案

1. 溶剂法

（1）预聚物制备

100 mL 磨口三口烧瓶上装有搅拌器、球形冷凝管、滴液漏斗、氮气进入管。冷凝管上口连一干燥管，再连一橡胶管通入烧杯，根据鼓泡速度来调节氮气流量。用电子天平准确称量 5 g（0.02 mol）MDI 放入三口烧瓶中，再加入 6 mL 甲基异丁基酮（MIBK），通入氮气；称量 0.01 mol 聚四氢呋喃（根据分子量计算用量）放入滴液漏斗中，再加入 6 mL 二甲亚砜（DMSO），混匀后慢慢滴入反应瓶。滴加完毕，在 60 ℃左右继续反应 1.5 h，得无色透明预聚物溶液。

（2）扩链反应

将 0.91 g(0.01 mol)1,4-丁二醇溶于 2 mL 混合溶剂（MIBK∶DMSO＝1∶1，体积比）或二甲基甲酰胺（DMF），用滴液漏斗慢慢滴加到 60 ℃的预聚液中，加完后再反应 1.5～2 h。其间注意观察，待反应物很黏时，加 20 mL 混合溶剂或 DMF，搅匀后倒入盛去离子水的搪瓷盘中，产物呈白色条状固体析出。

(3) 后处理

产物在水中浸泡过夜后，再用水洗涤 2～3 次，晾干。用乙醇浸泡一天，再用水洗去乙醇，50 ℃真空干燥，称重，计算产率。产物为白色、韧性，若产物经不住压力一压即碎，表明聚合物的分子量太小。

2. 本体-溶剂法

将刚从烘箱取出的 100 mL 三口烧瓶装上搅拌器、滴液漏斗和氮气进入管。用电子天平准确称量 5 g(0.02 mol) MDI，迅速移入三口烧瓶中。再用小烧杯称量分子量为 1050 的聚四氢呋喃 10.5 g，加入滴液漏斗中。在吹风机加热下将它慢慢加到三口烧瓶中，并不断搅拌。反应瓶用油浴加热，温度约为 60 ℃，聚四氢呋喃的滴加时间约为 10 min。在搅拌条件下反应 10 min 后，称取 0.91 g 1,4-丁二醇，加到滴液漏斗中，再慢慢加入反应瓶，观察黏度上升情况。当物料黏结在搅拌器上似面团状时（若 0.5 h 黏度上不去，可慢慢补加 1,4-丁二醇或 MDI)，再搅拌 15 min 后，加 20 mL 干燥的 DMF，再搅约 0.5 h。将黏稠液倒入盛水的搪瓷盘中，得白色条状聚醚氨酯。后处理同溶剂法 (3)。

五、注意事项

1. 本实验中用 1,4-丁二醇为扩链剂，若改用乙二胺，结果类似。

2. 由于异氰酸酯与水反应会生成脲，脲与异氰酸酯进一步反应生成交联结构，从而得不到富有弹性的线型聚醚氨酯。因此，要求实验过程和原料严格除去水分。

3. 滴加聚四氢呋喃的好处是，聚四氢呋喃会与过量的异氰酸酯反应，有利于生成中间只是聚醚、两端是异氰酸酯的预聚体。

4. 聚四氢呋喃常温下为固体，需要加热至 60℃左右使其熔融，以便称量及后续化学反应。

5. 反应物料中异氰酸酯基与羟基的摩尔比应为 1∶1。聚醚端羟基与 1,4-丁二醇羟基间的比例是可以调节的，本实验中采用的聚醚∶MDI∶丁二醇为 1∶2∶1，也可按 1∶4∶3 或 3∶4∶1 制备聚醚氨酯。

六、思考题

1. 分别写出 RNCO 与 H_2O、ROH、RNH_2、RCOOH 的反应式，并比较其活性次序。写出二元胺为扩链剂时的聚合反应方程式。

2. 水存在将使产物交联，写出交联反应的反应方程式。

实验5 甲基丙烯酸甲酯的本体聚合

一、实验目的

1. 掌握自由基本体聚合的原理和影响因素。
2. 掌握有机玻璃制备的工艺特点。

二、实验原理

本体聚合是指不用溶剂和介质，仅由单体和少量引发剂（也可采用加热、光照、辐射等引发条件）进行的聚合反应[3]。本体聚合杂质少，纯度高，设备简单，可直接成型，生产成本低，特别适合制备透明度高的产品。另外，该方法也适合于实验室研究，如单体聚合能力的判断、聚合动力学研究、竞聚率测定等。

本体聚合是最简单的一种聚合方法，但反应放出的热量难以控制。在反应初期黏度不大时散热并无问题。但是当转化率超过20%～30%后，体系黏度增大，使散热困难，此阶段的自动加速过程往往造成温度的急速上升，引起局部过热和产物分子量分布变宽，严重的甚至引起爆聚，所得聚合物产品的均匀性较差。为便于散热，通常采用两段聚合法：第一阶段保持较低转化率，这一阶段体系黏度较低，散热尚无困难，可在较大的反应器中进行；第二阶段转化率和黏度较大，可进行薄层聚合或在特殊设计的反应器内聚合。

本实验采用两段本体聚合法合成聚甲基丙烯酸甲酯（PMMA）。首先在一锥形瓶中加入单体、引发剂，在加热条件下预聚；当体系黏度增大到一定程度后，将预聚物倒入事先准备的方形模具中进行恒温聚合。

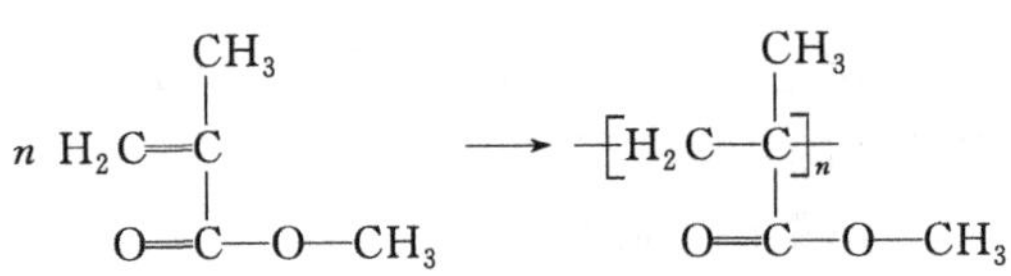

聚甲基丙烯酸甲酯（PMMA）俗称有机玻璃，它具有优良的光学性能，密度小，在低温下仍能保持其独特的物理性能。有机玻璃的数均分子量从几十万到一百万以上，密度为1.18 g/cm^3，为普通玻璃的一半；透光率很高，能透过90%～92%普通光线，73%～76%紫外线（普通玻璃只透过0.6%）；除醇、烷烃之外，可溶于其他许多有机溶剂，并可溶于单体本身中；介电性能和力学性能良好，耐冲击，不易破碎，在低温下抗冲击强度变化很小。

有机玻璃的表面硬度不够高，耐磨性较差，在80～90 ℃以上开始变形，这些缺点影响它的应用范围。有时在聚合过程中因体积收缩不均而出现波纹，或者含有气泡，影响到光学性能。通过将甲基丙烯酸甲酯与甲基丙烯酸、甲基丙烯酸丙烯酯等交联共聚，可提高耐热性和表面硬度。

有机玻璃可制成平板、管状、棒状材料，可通过机械加工或挤出、注射、压制等成型方法制成各种制件，用于飞机的座舱盖、舷窗、坦克望孔、光学透镜、电器仪表护罩外壳、风挡、大型建筑物天窗、指示牌及各种日用品。聚甲基丙烯酸甲酯在 170 ℃开始分解，400 ℃全部分解，主要分解物为单体甲基丙烯酸甲酯，故可用回收的有机玻璃制备单体。

三、实验试剂与仪器

试剂：过氧化苯甲酰、甲基丙烯酸甲酯。

仪器：三口烧瓶、球形冷凝管、氮气钢瓶、电动搅拌器、玻璃板。

四、实验内容与方案

1. 平板模具的制备（也可采用试管等作模具）

取两片同样大小（8 cm×10 cm）已洗净烘干的平板玻璃，在两片之间的四角放上同样厚度的包有铝箔的小橡胶垫块，四边对齐，在压紧的情况下，先用玻璃纸将三个边封严（注意：玻璃纸一定要贴平，且注意在拐角处一定不要弄破）。然后在玻璃纸的外面再贴一层牛皮纸以加固，未封的一边留作灌料口。此即为制备有机玻璃板的模具。将糊好的模具晾干，备用。计算出模具的内容积。

2. 甲基丙烯酸甲酯的预聚合

准确称取 40～60 mg 的过氧化苯甲酰、30 g 甲基丙烯酸甲酯，混合均匀，加入配有球形冷凝管和氮气管的三口烧瓶中；通入氮气，开动电动搅拌，加热并升温至 80～90 ℃，反应约 30 min，体系达到一定黏度（相当于甘油黏度的两倍，转化率为 7%～17%），停止加热，迅速冷却至 50 ℃，预聚合反应结束。

3. 灌模

将以上制备的预聚液小心地分别灌入预先干燥的磨具中，浇灌时注意防止锥形瓶外的水珠滴入，直立放于一模具架上。

4. 聚合

将灌完预聚物的模具连同模具架放入已恒温 50 ℃± 2 ℃的烘箱中，保持此温度约 30 h，其间必须严格控制烘箱温度，不能超过 55 ℃。当聚合物呈硬橡胶状时，再升温至 100～105 ℃，反应约 2 h，停止加热，自然降温冷却。

5. 脱模

将冷却至室温的模具取出，放入冷水中浸泡，得到平板状有机玻璃（或将试管打破，得到试管形状的棒材）。

五、注意事项

1. 模具中可放入美丽的风景照片等。

2. 预聚时不要摇动瓶子，以减少氧气在单体中的溶解。

3. 聚合物比相应单体的密度大，因而在聚合反应过程中会发生体积收缩。因此在浇铸聚合时应注意控制预聚合的单体转化率。而且在后聚合过程中，若温度控制不好易导致收缩不均匀，使聚合物的折射率不均匀以及产生局部皱纹，影响产品质量。

4. 预聚合时要控制温度不能太高，防止发生爆聚。

5. 灌模后要等温度降低后再放入烘箱继续反应。

六、思考题

1. 在制备有机玻璃的过程中，为什么要进行预聚合？

2. 在本体聚合的过程中，为什么各阶段的反应温度不同？

3. 如果要制备厚度不同的有机玻璃板，是否可采用同样的工艺条件（如引发剂、用量、反应温度、反应时间等）？为什么？

4. 在第二阶段的反应聚合过程中，如果不严格控制反应温度，会导致什么后果？为什么？

实验6 苯乙烯的悬浮聚合

一、实验目的

1. 了解悬浮聚合的实验方法。

2. 了解悬浮聚合的配方及各组分的作用。

3. 了解控制粒径的成珠条件及不同类型悬浮剂的分散机理、搅拌速度、搅拌器形状对悬浮聚合物粒径等的影响，并观察单体在聚合过程中的演变。

二、实验原理

悬浮聚合是指油溶性单体在溶有分散剂（或称悬浮剂）的水中，借助于搅拌作用分散成细小液滴进行的聚合反应。悬浮聚合在工业上的应用较多，根据聚合物在单体中的溶解情况，可合成不同形态的悬浮聚合物。若聚合物不溶于单体，则产物呈不透明、不规整的颗粒状，如氯乙烯等单体的聚合；若聚合物溶于单体，则可得到透明的珠状产品，因此又可称为珠状聚合，如苯乙烯等单体的聚合。

苯乙烯是一种比较活泼的单体，容易进行聚合反应。苯乙烯在水中的溶解度很小，将其倒入水中，体系分成两层，进行搅拌时，在剪切力作用下单体层分散成液滴，界面张力使液滴保持球形，而且界面张力越大形成的液滴越大，因此在作用方向相反的搅拌剪切力和界面张力作用下液滴达到一定的大小和分布。而这种液滴在热力学上是不稳定的，当搅拌停止后，液滴将凝聚变大，最后与水分层，同时聚合到一定程度以后的液滴中溶有的发黏聚合物亦可使液滴相黏结。因此，悬浮聚合体系还需加入分散剂。

悬浮聚合中，在每一个被分散的小液滴中，恰似一个本体聚合的微反应器，其聚合速率和平均分子量以及产物的性质，都与在相同条件下本体聚合所得到的相仿。不过它毕竟是在非均相体系中进行，全部反应过程是处于亚稳态的，因此搅拌速度和分散剂的种类及用量是影响所得聚合物颗粒形态和大小的主要因素。

悬浮聚合的主要优点有：以水为介质，体系黏度低，易传热和控温；产物分子量比溶液聚合高，分子量分布均匀；杂质含量比乳液聚合的低；后处理工序比溶液聚合和乳液聚合简单，生产成本低，固体颗粒可直接使用。

悬浮聚合主要组分有四种：单体、水、分散剂、油溶性引发剂。

（1）单体　单体不溶于水，如氯乙烯、苯乙烯、醋酸乙烯酯等。

（2）水　作为热传导介质。

（3）分散剂　包括水溶性高分子物质和不溶于水的无机盐粉末两类。水溶性高分子分散剂主要有天然高分子（如明胶、甲基纤维素、羟丙基纤维素）和合成高分子（如聚乙烯醇、聚丙烯酸和聚甲基丙烯酸的盐类、顺丁烯二酸酐-苯乙烯共聚物）

两类，它们的作用是吸附在液滴表面，形成一层保护膜，起着保护作用，同时可阻碍液滴间的结合。不溶于水的无机盐粉末主要由碳酸钙、碳酸钡、磷酸钙、滑石粉、高岭土等，它们吸附在液滴表面，起着机械隔离作用。

(4) 油溶性引发剂　如过氧化苯甲酰（BPO)、偶氮二异丁腈（AIBN）等。

目前悬浮聚合法主要用来生产聚氯乙烯树脂、聚苯乙烯树脂、聚甲基丙烯酸甲酯、聚四氟乙烯、聚三氟氯乙烯以及聚乙酸乙烯酯等。聚苯乙烯用注模、压制、挤出等方法制成各种工业用品，如仪表外壳、仪器零件、高效绝缘制品、薄膜和日用品。聚苯乙烯泡沫塑料是优良的防震、防湿、保冷、隔声材料。

苯乙烯（styrene）通过聚合反应生成聚苯乙烯（polystyrene，PS)，反应式如下：

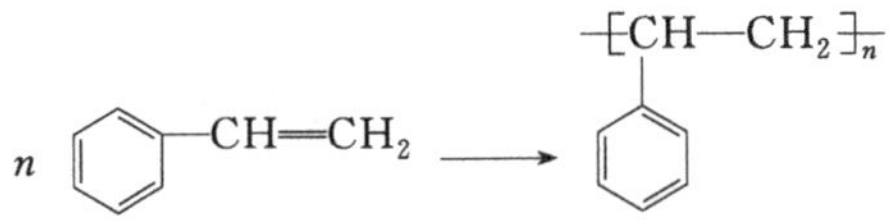

三、实验试剂与仪器

试剂：聚乙烯醇、苯乙烯、二乙烯基苯、过氧化苯甲酰、亚甲基蓝、磷酸钙粉末和甲醇。

仪器：三口烧瓶、球形冷凝管、水浴、搅拌器、温度计、显微镜。

实验装置如图 2-3 所示。

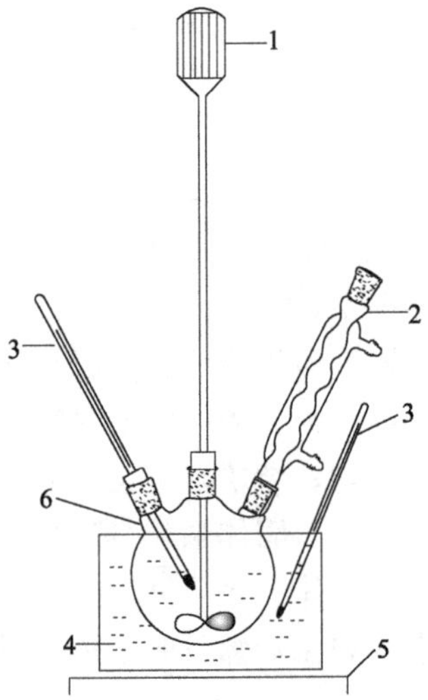

图 2-3　反应装置

1—搅拌器；2—冷凝管；3—温度计；4—水浴；5—电炉；6—三口烧瓶

四、实验内容与方案

1. 向装有搅拌器、温度计和球形冷凝管的 250 mL 三口烧瓶中加入 130 mL 去离子水、3 mL 4%聚乙烯醇水溶液、200 mg 磷酸钙粉末和数滴 1%亚甲基蓝水溶液。

2. 升温，以 250 r/min 以上的转速稳定搅拌，待瓶内溶液温度升至 90 ℃时，取事先在室温下溶解好的 50 mg 过氧化苯甲酰引发剂、4 g 苯乙烯和 1.8 g 二乙烯基苯倒入反应瓶中。

3. 加热并保持在 95 ℃恒温下聚合，此后应需特别注意搅拌速度的稳定。反应 1.5～2 h 后用滴管取样检查珠子是否已发硬，发硬后再使聚合反应继续 0.5 h。

4. 产物过滤后，用甲醇洗三次，抽干后放入 60 ℃烘箱中烘干，称重，计算收率。在显微镜下观察微球形貌。

五、注意事项

1. 本实验影响粒径最关键的因素是搅拌。反应时搅拌要快，均匀，使单体能形成良好的珠状液滴。

2. 95 ℃保温阶段是实验成败的关键阶段，此时聚合热逐渐放出，油滴开始变黏易发生粘连，需密切注意温度和转速的变化。

3. 如果聚合过程中发生停电或聚合物粘在搅拌棒上等异常现象，应及时降温终止反应，并倾出反应物，以免造成仪器报废。

六、思考题

1. 悬浮聚合成败的关键是什么?
2. 如何控制聚合物粒度?
3. 试分析分散剂的作用是什么。
4. 如何解释聚合过程中油状单体先变成黏稠状，最后变成硬的粒子的现象?
5. 试比较本体聚合、悬浮聚合、溶液聚合和乳液聚合的特点。

实验7 反相悬浮聚合制备聚丙烯酸

一、实验目的

1. 了解丙烯酸自由基聚合的基本原理。
2. 了解反相悬浮聚合的机理、体系组成及作用。
3. 了解反相悬浮聚合的工艺和基本实验操作。

二、实验原理

采用氧化还原引发体系进行丙烯酸的自由基聚合，主要反应式如下：

$$S_2O_8^{2-} + SO_3^{2-} \longrightarrow SO_4^{2-} + SO_4^{-}\cdot + SO_3^{-}\cdot$$

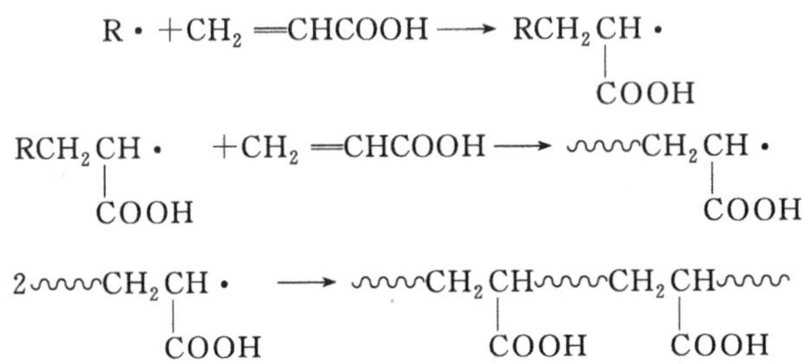

本实验采用氧化还原引发体系引发丙烯酸反相悬浮聚合。水溶性单体，不适合采用水作为介质进行常规的悬浮聚合。应选用与水溶性单体不互溶的油溶性溶剂作为分散介质，与常规悬浮聚合类似，相应地选择水溶性引发剂。反相悬浮聚合多采用复合型悬浮剂，加入一些保护作用更强、亲水亲油平衡值（hydrophilic lipophilic balance，HLB）为3～6的油包水型乳化剂组成复合型悬浮剂，或只用非离子型的水溶性高分子化合物，如聚乙烯醇、明胶等。总体而言，反相悬浮聚合的基本特点与常规的悬浮聚合类似，因此，可参照常规悬浮聚合来进行配方设计、确定反应条件和选择聚合工艺。

三、实验试剂与仪器

试剂：丙烯酸（需纯化）、$K_2S_2O_3$＋$NaHSO_3$（均为99.0%，引发剂）、山梨醇酐单硬脂酸酯（Span 60）、环己烷（98.0%）。

仪器：三口烧瓶（250 mL）、球形冷凝管、机械搅拌器、聚四氟乙烯搅拌塞19#、搅拌棒、温度计（100℃）、水浴锅、烧杯（100 mL）、量筒（50 mL）、布氏漏斗。

实验装置如图2-4所示。

四、实验内容与方案

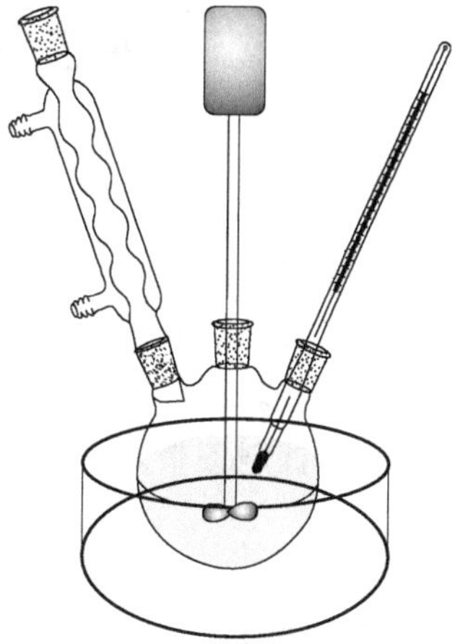

图 2-4 反相悬浮聚合制备聚丙烯酸装置

1. 250 mL 磨口三口烧瓶上装有搅拌器、回流冷凝管、温度计，用分析天平准确称取 1.75 g 的 Span 60，加入三口烧瓶中。加入 50 mL 环己烷，开通冷凝水，开动搅拌，逐渐升温至 40 ℃，体系完全溶解。

2. 用分析天平准确称取 5.4 g $K_2S_2O_3$、1.2 g $NaHSO_3$，加入 100 mL 烧杯中。量取 12mL 丙烯酸，加入烧杯中，摇匀，待引发剂在丙烯酸中完全溶解后，将混合溶液倒入三口烧瓶中，再用 35 mL 环己烷冲洗烧杯，溶液倒入烧瓶中。

3. 开通冷凝水，维持搅拌速率，升温至 45 ℃，开始聚合反应。1 h 后，随着丙烯酸单体的转化度增加，体系中分散的颗粒变得发黏。反应 2.5 h 后，升温至 55 ℃继续反应 0.5 h。此过程中，应控制好搅拌速率，搅拌速率的微小变化均会引起聚合物颗粒发黏、成块或黏结在搅拌棒上，而导致丙烯酸反相悬浮聚合实验失败。

4. 维持搅拌速率不变，停止加热，将恒温水浴换为冷却水，待体系温度冷却至室温后停止搅拌。

5. 产品用布氏漏斗过滤，用环己烷洗涤数次，通风情况下干燥至恒重，称重，计算产率。

6. 环己烷回收再利用，或倒入废液桶。

五、注意事项

1. 反相悬浮聚合的有机溶剂为分散相，分散剂对水溶性单体的保护作用远远弱于常规悬浮聚合体系，对搅拌稳定性的控制有更高的要求。

2. 开始反应时，搅拌速率不宜过快，避免颗粒分散太细。

3. 保温反应 1 h 时，由于颗粒表面黏度大，极易发生黏结。必须细心地调节搅拌速率，不能使搅拌停止。

六、思考题

1. 对比常规悬浮聚合和反相悬浮聚合的体系组成及其原理。

2. 讨论反相悬浮聚合的工艺控制特点。

实验 8 苯乙烯自由基乳液聚合

一、实验目的

1. 了解乳液聚合的特点。
2. 了解乳液聚合体系的组成及各组分的作用。
3. 掌握乳液聚合中乳化剂的作用。
4. 掌握制备聚苯乙烯胶乳的方法，以及用电解质凝聚胶乳和净化聚合物的方法。

二、实验原理

乳液聚合是指单体在乳化剂的作用下分散在水中形成乳液，在机械搅拌或振荡情况下用水溶性引发剂引发单体进行非均相聚合的反应过程。不同于溶液聚合和悬浮聚合，乳液聚合是在乳液的胶束中进行的聚合反应，产品为具有胶体特征的聚合物胶乳[4]。

乳液聚合体系主要包括：单体、分散介质（水）、乳化剂、引发剂，还有调节剂、pH 缓冲剂及电解质等其他辅助试剂。它们的比例大致如下：

① 水（分散介质）：60%～80%（占乳液总质量）。

② 单体：20%～40%（占乳液总质量）。

③ 乳化剂：0.1%～5%（占单体质量）。

④ 引发剂：0.1%～0.5%（占单体质量）。

⑤ 调节剂：0.1%～1%（占单体质量）。

⑥ 其他：少量。

乳化剂是乳液聚合中的主要组分，当乳化剂水溶液超过临界胶束浓度时，开始形成胶束。在一般乳液配方条件下，由于胶束数量极大，胶束内有增溶的单体，所以在聚合早期，链引发与链增长绝大部分在胶束中发生，使胶束转变为单体-聚合物颗粒。乳液聚合的反应速率和产物的分子量与反应温度、反应场所、单体浓度、引发剂浓度和单位体积内单体-聚合物颗粒数目等有关。而体系中最终有多少单体-聚合物颗粒主要取决于乳化剂和引发剂的种类和用量。当温度、单体浓度、引发剂浓度、乳化剂种类一定时，在一定范围内，乳化剂用量越多，反应速率越快，产物的分子量越大。乳化剂的作用是减少分散相与分散介质间的界面张力，使单体与单体-聚合物颗粒分散在介质中形成稳定的乳浊液。

在乳液聚合体系中，乳化剂以四种形式存在：①以单分子的形式存在于水中，形成真溶液；②以胶束的形式存在于溶液中；③被吸附在单体珠滴表面上，使单体珠滴稳定地悬浮在介质中；④吸附在乳胶粒表面上使聚合物乳液体系稳定。

乳胶粒主要是由胶束形成的。乳液聚合的聚合反应实际上发生在乳胶粒中。因为在乳胶粒表面上吸附了一层乳化剂分子，使其表面带上某种电荷，静电斥力使乳胶粒不能发生相互碰撞而聚并到一起，这样就形成了一个稳定的体系。无数个彼此孤立的乳胶粒稳定地分散在介质中，在每个乳胶粒中都进行着聚合反应，都相当于一个进行间断引发本体聚合的小反应器。而单体珠滴仅仅作为贮存单体的仓库，单体源源不断地由单体珠滴通过水相扩散到乳胶粒中，以补充聚合反应对单体的消耗。根据这一机理，乳液聚合是在水乳液中按照胶束机理形成彼此孤立的乳胶粒中进行烯类单体自由基加成聚合来生产高聚物的一种技术。

烯类单体聚合反应放热量很大，其聚合热为 60～100 kJ/mol。在聚合物生产过程中，反应热的排除是一个关键性的问题。它不仅关系到操作控制的稳定性和能否安全生产，而且严重地影响着产品的质量。对本体聚合和溶液聚合来说，反应后期黏度急剧增大，可达几十甚至几百 Pa•s。这样一来，散热问题就成了难以克服的困难，即使采用高效的换热装置及高效搅拌器，也很难将所产生的反应热及时排除。散热不良必然会造成局部过热，使分子量分布变宽，还会引起支化和交联，使产品质量变坏，严重时会引起爆聚，使产品报废，甚至引发事故。

乳液聚合反应发生在分散水相内的乳胶粒中，尽管在乳胶粒内部黏度很高，但由于连续相是水，使得整个体系黏度并不高，并且在反应过程中体系的黏度变化也不大。在这样的体系中，由内向外传热就很容易，不会出现局部过热，更不会爆聚。同时，像这样的低黏度体系容易搅拌，便于管道输送，容易实现连续化操作。另外，乳液聚合和悬浮聚合散热情况类似，但也有区别。对悬浮聚合来说，聚合反应发生在水相中的单体珠滴中，单体珠滴的直径在 50～2000 μm 范围内，而在乳液聚合体系中，乳胶粒直径一般在 0.05～1 μm 之间。若把悬浮聚合中的一个单体珠滴比作一个 10 m 直径的大球，那么乳胶粒仅像一个绿豆粒那么大，所以从乳胶粒内部向外传热比从悬浮聚合的液滴内部向外传热要容易得多。故在乳液聚合体系的乳胶粒中的温度分布要比在悬浮聚合体系液滴中的温度分布均匀很多。

乳液聚合具有以下优点：①聚合速率快、产物分子量高；②使用水作介质，易于散热，温度容易控制，费用也低；③聚合形成稳定的乳液体系且黏度不大，可直接用于涂料、胶黏剂、织物浸渍等；④聚合产物易于分离，除使用高速离心外，也可将胶乳冷冻或加入电解质将聚合物凝聚，然后进行分离，经净化干燥后，可得固体状产品。乳液聚合也存在一定的缺点，聚合物中常带有未洗净的乳化剂和电解质等杂质，从而影响成品的透明度、热稳定性、电性能等。尽管如此，乳液聚合仍是工业生产的重要方法，特别是在合成橡胶工业中应用得最多。

三、实验试剂与仪器

试剂：苯乙烯、过硫酸钾、十二烷基磺酸钠、氯化钠、10%氢氧化钠溶液、乙醇、去离子水。

仪器：三口烧瓶、球形冷凝管、电动搅拌器、恒温水浴、温度计、量筒、移液管、烧杯、布氏漏斗、抽滤瓶、水泵。

反应装置如图 2-5 所示。

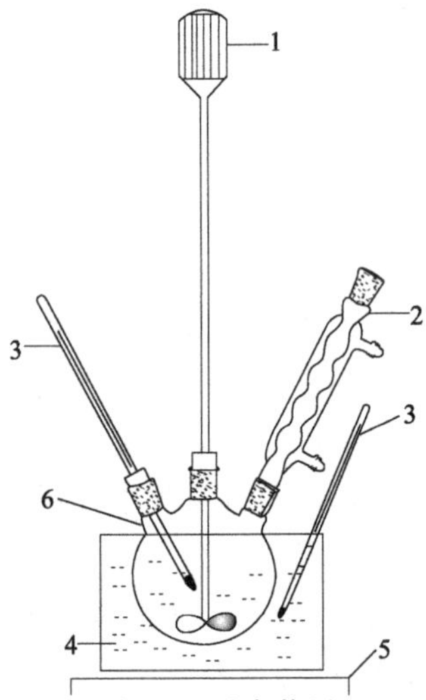

图 2-5 反应装置

1—搅拌器；2—冷凝管；3—温度计；4—水浴；5—电炉；6—三口烧瓶

四、实验内容与方案

1. 引发剂的配制

每两组共称取 $K_2S_2O_8$ 0.3000～0.3500 g，放入干净的 50 mL 烧杯中，用移液管准确加入去离子水（或蒸馏水），使引发剂的浓度达到 10 mg $K_2S_2O_8$/mL H_2O，溶解备用。

2. 在装有温度计、搅拌器、球形冷凝管的 250 mL 三口烧瓶中加入 50 mL 去离子水（或蒸馏水）、乳化剂十二烷基磺酸钠 0.3 g 及 1 mL 10%氢氧化钠溶液。开始搅拌并水浴加热，当乳化剂溶解后，瓶内温度达 80 ℃左右时，用移液管准确加入 10 mL 苯乙烯单体及 10 mL $K_2S_2O_8$ 溶液，溶液变为白色，且微带点蓝色。迅速升温至 88～90 ℃，并维持此温度 1.5 h，而后停止反应。

3. 将乳液倒入 150 mL 烧杯中，加 2 g NaCl，迅速搅拌使乳液凝聚。用布氏漏斗抽滤，抽滤后的聚合物用热水（80 ℃左右）洗涤。将过滤后的聚合物用 25 mL 乙醇浸渍 1 h，再抽滤，并用 10 mL 乙醇洗涤产品（乙醇液需回收），最后把产物抽干，放入 50～60 ℃烘箱中干燥，称重，计算转化率。

五、影响实验的主要因素

1. 乳化剂的用量：量越多，所得产品的颗粒越小。

2. 温度：一般的聚合反应中，升高温度，聚合速率增加，聚合度降低。但温度对乳液聚合的影响比较复杂。其综合结果是：聚合物速率增加，聚合度降低，但是，升高温度可能引起许多副作用，如乳胶凝聚和破乳，产生支链和凝胶，并对聚合物微结构和分子量的分布产生影响。

六、注意事项

1. 仪器要组装合理，便于实验操作。

2. 添加药品的顺序是，先加单体再加引发剂，防止引发剂在热水当中大量分解而降低其效率；并且要立刻开动搅拌器，使引发剂、乳化剂与单体快速混合。

3. 水泵在使用前要检查其中是否有水，使用完毕后，先拔管再关机器，防止倒吸。

4. 所得的产物要收好，不要随意倒入水槽中，避免堵塞下水道。

七、思考题

1. 根据乳液聚合机理和动力学，解释乳液聚合反应速率快和产物分子量高的原因。简述乳液聚合的优缺点分别是什么？

2. 说明用热水及乙醇处理聚合物产品的目的是什么？

3. 根据实验结果，讨论乳化剂在乳液聚合中的作用。

实验 9 反相乳液聚合制备聚丙烯酰胺

一、实验目的

1. 了解丙烯酰胺自由基聚合的基本原理。
2. 了解反相乳液聚合的机理与体系组成。
3. 了解反相乳液聚合工艺，掌握反相乳液聚合基本方法。

二、实验原理

丙烯酰胺是一种水溶性单体，实验采用反相乳液聚合，因此采用油溶性引发剂过氧化苯甲酰（BPO）来进行自由基聚合。其主要反应方程式如下：

$$C_6H_5COO\text{—}OOCC_6H_5 \longrightarrow C_6H_5COO\cdot$$

$$C_6H_5COO\cdot + CH_2{=}CHCONH_2 \longrightarrow C_6H_5COOCH_2\underset{\substack{|\\ CONH_2}}{CH}\cdot$$

$$C_6H_5COOCH_2\underset{\substack{|\\ CONH_2}}{CH}\cdot + CH_2{=}CHCONH_2 \longrightarrow \sim\!\sim CH_2\underset{\substack{|\\ CONH_2}}{CH}\cdot$$

$$2\sim\!\sim CH_2\underset{\substack{|\\ CONH_2}}{CH}\cdot \longrightarrow \sim\!\sim CH_2\underset{\substack{|\\ CONH_2}}{CH}\sim\!\sim CH_2\underset{\substack{|\\ COONH_2}}{CH}\sim\!\sim$$

对于水溶性的丙烯酰胺单体，如采用乳液聚合工艺，不宜采用水作为分散介质，需选用与单体互不相溶的油溶性溶剂为分散介质，引发剂也应选择油溶性的。采用油溶性引发剂的乳液聚合反应，称为反相乳液聚合。反相乳液聚合体系在乳化剂的选择上也有一定的差别，多选择 HLB 值为 3～6 的油包水型乳化剂。

三、实验试剂与仪器

试剂：丙烯酰胺（分析纯）、过氧化苯甲酰（BPO，分析纯）、山梨醇酐单硬脂酸酯（Span 60）（化学纯）、石油醚（分析纯，沸点 90～120 ℃）。

仪器：三口烧瓶（250 mL）、球形冷凝管、机械搅拌器、聚四氟乙烯搅拌塞 19＃、搅拌棒、温度计（100 ℃）、水浴锅、烧杯（100 mL）、量筒（50 mL）、分水器。

实验装置如图 2-6 所示。

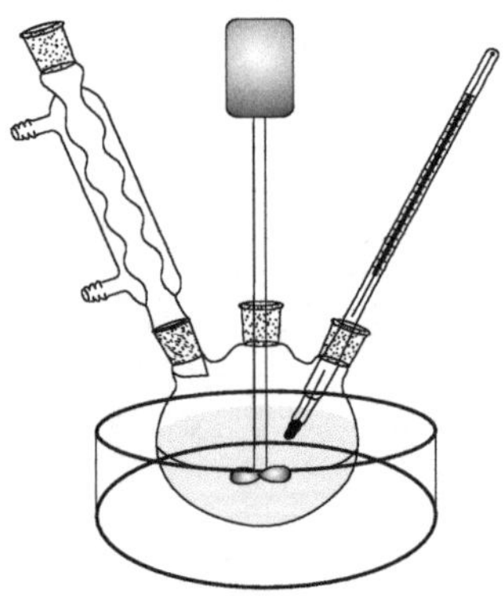

图 2-6 反相乳液聚合制备聚丙烯酰胺装置

四、实验内容与方案

1. 在三口烧瓶上装好机械搅拌器、球形冷凝管、温度计。用分析天平准确称取 0.02 g 的 Span 60 加入三口烧瓶中，量取 50 mL 石油醚，开通冷凝水、电动搅拌器，缓慢升温至 40 ℃，直至 Span 60 完全溶解。

2. 称取 10 g 丙烯酰胺于烧杯中，加入 22 mL 去离子水，摇匀，待其完全溶解后加入三口烧瓶中，搅拌 10 min。用分析天平称取 5 g BPO 放入烧杯中，加入 15 mL 石油醚，待其完全溶解后，加入三口烧瓶中，再用 10 mL 石油醚冲洗烧杯，溶液倒入三口烧瓶中。

3. 开通冷却水，维持搅拌速率恒定，升温至 70 ℃，开始聚合。反应 2 h 后，在冷凝管与三口烧瓶间加装分水器，继续升温至石油醚-水混合液沸点，回收分水器下部的水。当出水量为 18 mL 后，停止加热。

4. 维持搅拌速率，将恒温水浴中热水置换为冷水，待体系温度冷却至室温后停止搅拌。

5. 产品用布氏漏斗过滤，通风干燥，称重，计算产率。

五、注意事项

1. 反相乳液聚合的分散介质为油相，因此乳化剂对胶束的保护作用远远低于常规乳液聚合体系，实验操作需要更加仔细。

2. 在实验第 1 步，要保证乳化剂充分溶解。在实验第 2 步，可适当延长搅拌时间，确保预乳化效果。

3. 反应 2 h 后体系升温至分散介质-水混合液沸点时，为防止暴沸，需缓慢升温，并密切关注体系状态。

4. 由于聚丙烯酰胺为水溶性聚合物，因此反应后期需进行脱水，控制脱水量为加水量的 70%～80%，即可保证聚丙烯酰胺在出料时不发生结块现象。

六、思考题

1. 实验制备的聚丙烯酰胺乳液在溶解速率和特性黏数方面，与传统水溶液聚合法的产品相比有何优劣？

2. 引发剂类型与浓度如何调控聚合反应速率、聚合物微观结构（线性度）及残余单体含量？

实验 10 聚乙烯醇的制备

一、实验目的

1. 掌握高分子化学反应的基本原理及特点。

2. 了解聚乙酸乙烯酯（PVAc）醇解反应的原理、特点及影响醇解反应的因素。

二、实验原理

由于乙烯醇易异构化为乙醛，不能通过理论单体乙烯醇的聚合来制备聚乙烯醇（polyvinyl alcohol，PVA），而只能通过聚乙酸乙烯酯（polyvinyl acetate，PVAc）的醇解或水解反应来制备。醇解法制成的 PVA 精制容易，纯度较高，主产物的性能较好，因此工业上通常采用醇解法来制备 PVA。

PVAc 的醇解可以在酸性或碱性条件下进行。酸性条件下的醇解反应由于痕量酸很难从 PVA 中除去，而残留的酸会加速 PVA 的脱水作用，使产物变黄或不溶于水，因此目前多采用碱性醇解法制备 PVA。碱性条件下的醇解反应又有湿法和干法之分，为了尽量避免副反应，但又不使反应速率过慢，本实验不是采用严格的干法，只是将物料中的含水量控制在 5%以下。

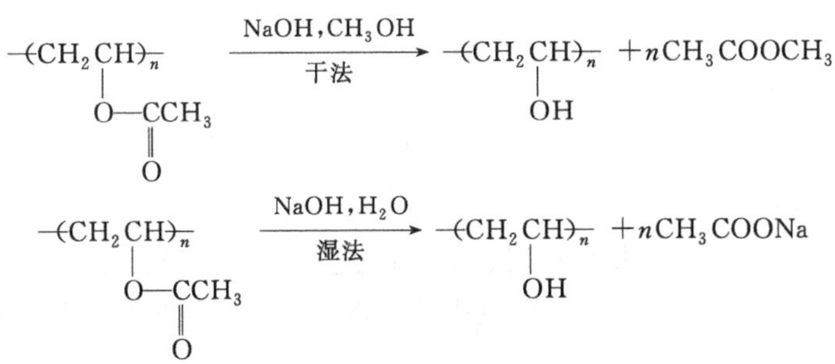

湿法醇解中，氢氧化钠是以水溶液的形式（约 350 g/L）加入，反应体系的含水量在 1%～2%。该法的特点是醇解反应速率快，设备生产能力大，但副反应较多，碱催化剂耗量也较多，醇解残液的回收比较复杂。

干法醇解中，氢氧化钠以甲醇溶液的形式加入。反应体系中含水量控制在 0.1%～0.3%。该方法的最大特点是副反应少。醇解残液的回收比较简单，但反应速率较慢，物料在醇解机中的停留时间较长。

本实验采用甲醇为醇解剂，氢氧化钠为催化剂进行醇解反应，并在较为缓和的醇解条件下进行，以适应教学要求。在主反应中 NaOH 起催化作用，但 NaOH 还可能参加如下反应：

$$CH_3COOCH_3 + NaOH \longrightarrow CH_3COONa + CH_3OH$$

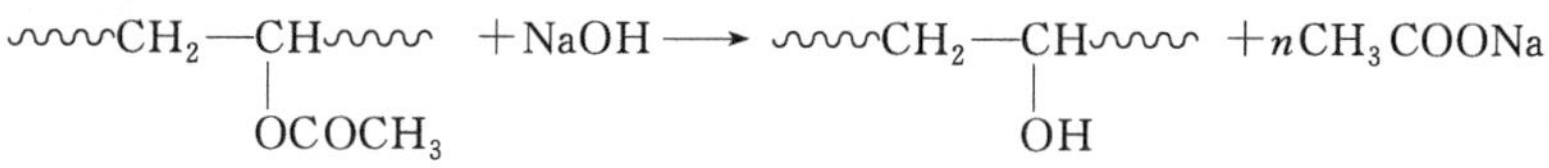

当反应体系含水量较大时，这两个副反应明显增加，氢氧化钠的消耗量增大，从而降低对主反应的催化效能，使醇解反应进行不完全。因此为了避免这些副反应，物料的含水量应严格控制，一般在5%以下。

PVAc 的醇解反应实际上是甲醇与高分子 PVAc 之间的酯交换反应。这种使高聚物分子结构发生改变的化学反应称为高分子化学反应。PVAc 的醇解反应（或酯交换反应）的机理和低分子酯的酯交换反应相同。

$$CH_3OH + NaOH \rightleftharpoons CH_3O^- Na^+ + H_2O$$

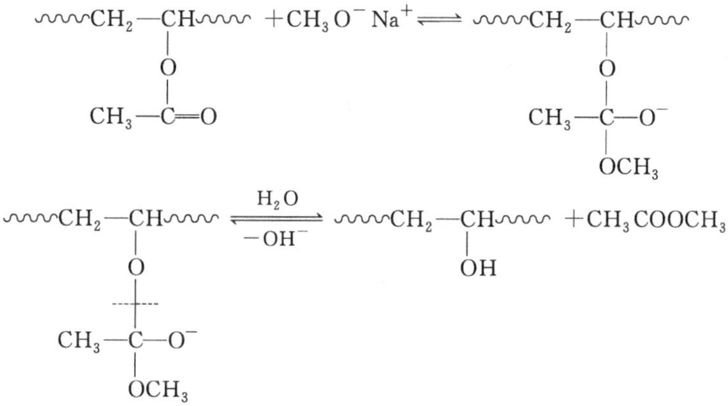

PVAc 醇解反应生成的 PVA 不溶于甲醇中，以絮状物析出。PVA 可作为悬浮聚合的稳定剂，还可以用来制备维尼纶。用于制备纤维的 PVA 的醇解度应不小于99.8%。为了获得高醇解度的 PVA，应选择合适的工艺条件。

1. 甲醇的用量（或 PVAc 的浓度）

甲醇的用量（或 PVAc 的浓度）对醇解的影响很大。随聚合物浓度的增加，醇解速率下降；但是聚合物浓度过低，溶剂的用量较大，溶剂损失和回收工作量增大。工业生产中通常选用的聚合物浓度为22%。

2. NaOH 用量

工业上 NaOH 用量通常为 PVAc 的0.12（摩尔比）。碱用量过高，对醇解速率和醇解程度的影响不大，但是体系中乙酸钠的含量增加，影响产品质量。

3. 醇解温度

醇解温度的提高可加速醇解反应，缩短反应时间，但是副反应也明显加快，从而导致碱的消耗量增加，使 PVA 中残存的乙酸根的量增加，影响产品的质量。因此，工业上采用的醇解温度为45～48 ℃。

PVAc 溶于甲醇，而 PVA 不溶于甲醇，因此在反应过程中反应体系转变为非均相。各种反应条件都会影响该转变发生的时间，进一步影响到随后的醇解反应的难易和醇解度的高低。为保证本实验的顺利进行，当反应体系刚出现胶冻时，必须强力搅拌，将胶冻分散均匀。

三、实验试剂与仪器

试剂：聚乙酸乙烯酯（PVAc）、甲醇、氢氧化钠、石油醚。

仪器：250 mL 三口烧瓶、机械搅拌器、球形冷凝管、温度计、布氏漏斗、抽滤瓶、核磁共振波谱仪。

四、实验内容与方案

1. 在装有机械搅拌器和回流冷凝管的 250 mL 三口烧瓶中加入 45 mL 无水甲醇，并在搅拌下加入 7.5 g 研碎的 PVAc，加热搅拌使其溶解。将溶液冷却到 30 ℃，加入 1.5 mL 3% NaOH-CH_3OH 溶液。控制水浴温度在 32 ℃下进行醇解。当体系中出现胶冻，立即强烈地搅拌，并持续搅拌 0.5 h，打碎胶冻；再加入 2.5 mL 3% NaOH-CH_3OH 溶液，在 32 ℃的水浴温度下保持 0.5 h，然后升温到 62 ℃，再反应 1 h；将生成的 PVA 抽滤、压干，并进行干燥。

2. PVA 醇解度的测定：取少量干燥样品，以氘代水作溶剂，测定其核磁共振氢谱。

五、注意事项

1. 溶解 PVAc 时要先加甲醇，在搅拌下慢慢将 PVAc 碎片加入，不然会粘成团，影响溶解。

2. 搅拌的好坏是本实验成败的关键。PVA 和 PVAc 性质不同，PVA 是不溶于甲醇的，随醇解反应的进行，PVAc 高分子上的乙酸基（CH_3COO—）逐渐被羟基（—OH）所取代。当醇解度达到 60%时，这个高分子就要从溶解状态变成不溶解状态，这时体系的外观也要发生突变：会出现一团胶冻，这是实验中要重点观察的现象，此时，要及时提高搅拌速度，强烈搅拌，把胶冻打碎，才能使醇解反应进行完全。否则，胶冻内包住的 PVAc 难以醇解完全。

六、思考题

1. 在 PVAc 醇解反应过程中为什么会出现胶冻？它对醇解反应有什么影响？
2. 影响 PVA 醇解度的因素有哪些？如何才能获得高醇解度的产品？
3. 醇解反应发生过程中体系转变成非均相，它将怎样影响随后的醇解反应？
4. 高分子的化学反应与小分子的化学反应有哪些差别？

实验 11 醋酸乙烯酯的乳液聚合

一、实验目的

1. 掌握实验室制备聚醋酸乙烯酯乳液的方法。
2. 了解乳液聚合的配方及乳液中各组分的作用。

二、反应原理

聚醋酸乙烯酯（polyvinyl acetate，PVAc）乳胶广泛应用于建材、纺织、涂料等领域，主要作为胶黏剂使用。市场上的“白乳胶”就是采用乳液聚合方法制备的 PVAc 乳液。作为胶黏剂使用的 PVAc 乳胶要求具有较好的粘接性，同时黏度低，固含量高，乳液稳定。用一般乳液聚合的一次加料方法很难做到。通常采用种子聚合方法，即分两步加料反应。第一步加入少许（如约 1/3、1/5、1/10）的单体、引发剂和乳化剂进行预聚合反应，生成颗粒很小的乳胶粒子，即种子。第二步，继续滴加单体或乳化剂、引发剂，在一定的搅拌条件下使其在原来形成的种子上继续长大。由此得到的乳胶粒子，不仅粒度较大，而且粒度分布均匀。这样才能保证在固含量较高的情况下，仍有较低的黏度。近年来，在种子聚合技术的基础上，具有核-壳结构的高分子复合乳液有了较大的发展。利用不同性能的单体制备出不同核-壳结构的聚合物，可赋予该聚合物较好的力学性能。例如研究较多的苯乙烯-丙烯酸酯复合乳液、醋酸乙烯-丙烯酸酯复合乳液，都有很优异的性能。

醋酸乙烯酯的均聚物低温下发脆，玻璃化温度高。为此，常采用外加增塑剂的方法改性，也可采用与具柔性单体共聚的方法改性。醋酸乙烯酯也可以与其他单体共聚合制备性能更优异的聚合物乳液，例如与氯乙烯单体共聚合可改善聚氯乙烯的可塑性或改良其溶解性；与丙烯酸共聚合可改善乳液的黏结性能和耐碱性。

本实验根据乳液聚合原理：在乳液聚合反应中，有两种粒子成核过程，即胶束成核和均相成核。醋酸乙烯酯是水溶性较好的单体，28 ℃时其在水中的溶解度为 2.5%，因此，它主要以均相成核形成乳胶粒。所谓均相成核，即聚合生成的短链自由基在水相中沉淀出来。沉淀粒子通过从水相和单体液滴上吸附乳化剂分子而保持稳定，接着又扩散进入单体，形成粒子。

聚合反应中可单独先用非离子型乳化剂，如聚乙烯醇、OP-7、OP-10。聚乙烯醇主要起保护胶体作用，防上粒子相互并合，其不带电荷，对环境或介质的 pH 值变化不敏感，但是形成的乳胶颗粒大。单独选用阴离子型乳化剂，如烷基磺酸钠或烷基苯磺酸钠时，由于乳胶粒外电子的相互排斥，乳液具有较高的稳定性，但形成的乳胶粒子小，乳液黏度大。将非离子型乳化剂和离子型乳化剂按一定比例混合使用时，可大大降低乳胶粒表面上的电荷密度，使得带负电的离子自由基更容易进入到乳胶粒中，因而提高了引发效率，使形成的乳胶粒直径比单独使用阴离子型乳化剂时的乳胶粒直径大。另外，还会使两种乳化剂分子交替地吸附于乳胶粒的表面上，相当于在离子型乳化剂分子之间又楔入了非离子型乳化剂分子，这样就降低了在同一乳胶粒子上离子之间的静电斥力，增强了乳化剂分子在乳胶粒上吸附的牢度，加之非离子型乳化剂对乳胶粒的保护作用，更使乳胶粒的稳定性得到提高。

三、实验试剂与仪器

试剂：醋酸乙烯酯、聚乙烯醇-1788、十二烷基磺酸钠、烷基酚聚氧乙烯醚(OP-10)、过硫酸铵、碳酸氢钠、去离子水。

仪器：机械搅拌器、球形冷凝管、500 mL 三口烧瓶、100 mL 滴液漏斗、恒温水浴、温度计、pH 试纸、NDJ-79 型旋转黏度计、烘箱。

实验装置如图 2-7 所示。

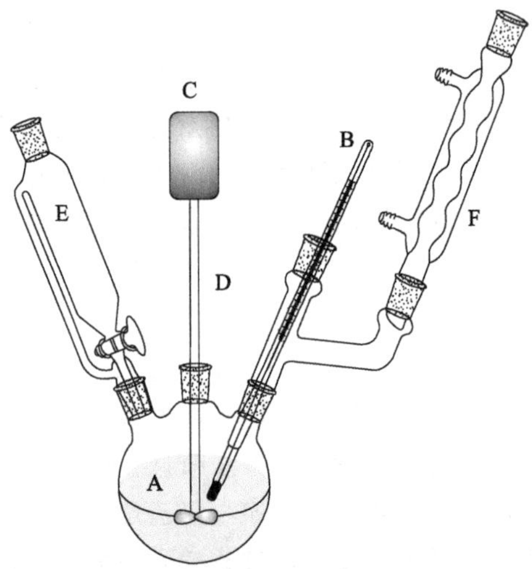

图 2-7 反应装置

A—三口烧瓶；B—温度计；C—搅拌电机；D—搅拌器；E—滴液漏斗；F—球形冷凝管

四、实验内容与方案

试剂用量如表 2-1 所示。

1. 在三口烧瓶中加入去离子水 45 g、聚乙烯醇-1788 2.5 g、OP-10 2.5 g，开启搅拌，水浴加热至 80～90 ℃使其溶解。降温至 70 ℃，停止搅拌，加入十二烷基磺酸钠 0.5 g 及碳酸氢钠 0.13 g 后，开启搅拌，再加入 3.5 g 醋酸乙烯酯（约 1/10 单体量），最后加入过硫酸铵 0.2 g，反应开始。

表 2-1　聚醋酸乙烯酯乳液实验试剂用量

试剂	名称	用量/g
醋酸乙烯酯	单体	35
聚乙烯醇-1788	胶体保护剂	2.5
十二烷基磺酸钠	乳化剂	0.5
OP-10(20%水溶液)		2.5
过硫酸铵	引发剂	0.2
碳酸氢钠	缓冲剂	0.13
去离子水	介质	45

2. 反应体系出现蓝光，表明乳液聚合反应开始，15 min 后再缓慢滴加剩余的醋酸乙烯酯，于 2 h 内加完。

3. 滴加完毕后继续搅拌，保温反应 0.5 h，撤除恒温水浴，搅拌冷却至室温。

4. 将生成的乳液经纱布过滤倒出，进行物性测试。

五、数据处理

1. pH 值测定：以 pH 试纸测定乳液的 pH 值。

2. 固含量测定：在培养皿（预先称重 m_0）中倒入 1 g（精确至 0.0001 g）左右的乳液并准确记录（m_1），于 105 ℃烘箱内烘烤 2 h（或放在平面电炉上烘烤至恒重），称量干燥后的质量（m_2），测其固体百分含量；

$$固含量(w)=\frac{m_2-m_0}{m_1-m_0}\times 100\%$$

3. 黏度测试：以 NDJ-79 型旋转黏度计测试乳液黏度，测试温度为 25 ℃。

六、思考题

1. 乳液聚合机理与其他聚合相比有何优缺点？

2. 乳液聚合反应中乳化剂的选择十分重要，乳化剂在乳液聚合中有何作用？常见的乳化剂有哪些？

3. 聚醋酸乙烯酯乳液生产中为了保护胶体，除了加入乳化剂，为何还加入聚乙烯醇-1788？

实验 12 乙酸纤维素的制备

一、实验目的

1. 了解纤维素的结构特征。
2. 掌握乙酸纤维素的制备方法。
3. 了解高分子化学反应的特点。

二、实验原理

纤维素是由葡萄糖分子缩合而成的高分子化合物，葡萄糖是一个六碳糖，其第五个碳原子上的羟基与醛基形成半缩醛，产生两种构型：

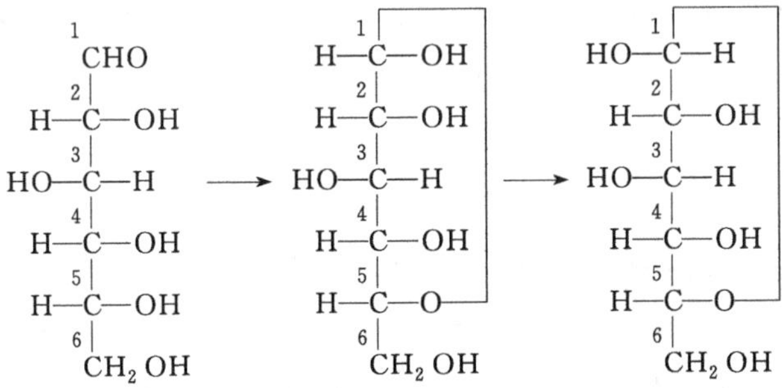

α-葡萄糖　β-葡萄糖

C1 上羟基与 C2 上羟基处于一侧，称 α-葡萄糖；处于两侧，则称 β-葡萄糖。α-葡萄糖的缩聚产物是淀粉：

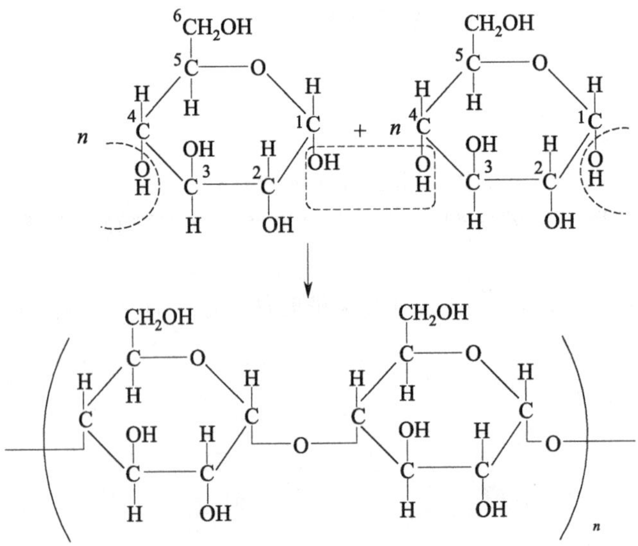

淀粉

β-葡萄糖的缩聚产物是纤维素：

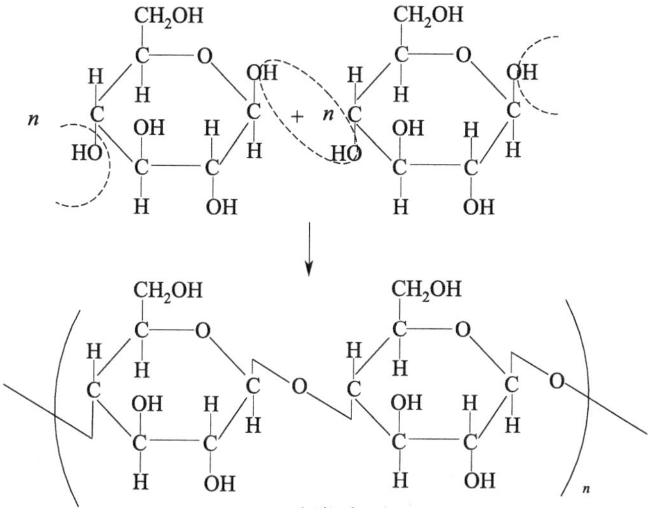

本实验将棉花（几乎是纯净的纤维素）用乙酸酐进行乙酰化制备乙酸纤维素。纤维素分子中含有大量的羟基，由于氢键的存在而使分子链间有很强作用力，因此不溶于有机溶剂，加热亦不能使它熔化，从而限制了它多方面的应用。构成纤维素的每个葡萄糖分子上有三个羟基，若全部酰化就形成三乙酸纤维素，它溶于二氯甲烷-甲醇混合溶剂中，不溶于丙酮；若酰化 2.5 个羟基，则产物溶于丙酮，也就是通常说的乙酸纤维素。

乙酸纤维素，也称为醋酸纤维素、纤维素乙酸酯，是纤维素的醋酸酯，于 1865 年首次制备。乙酸纤维素根据产品的不同，可以分为纺丝级二乙酸纤维素、塑料级二乙酸纤维素、三乙酸纤维素。它们的主要用途如下。

1. 纺丝级二乙酸纤维素

纺丝级产品是国际公认并且至今未找到可替代材料的无毒、无害的产品，它最重要、最主要的用途是用作过滤器材，特别是香烟过滤嘴用量非常大。其有明显的降低焦油含量的作用，但并无法降低香烟对吸烟者及旁人的危害。另外就是用作医用过滤器材，如血液过滤器材等。同时它也可用于纺丝，带有丝绸的光泽，用作高级西服服装的衬里。

2. 塑料级二乙酸纤维素

主要用于制作板材、片材，主要产品有眼镜镜框、高级工具手柄等。

3. 三乙酸纤维素

主要用作电子薄膜，如液晶显示器的偏光片、电影胶片、相机胶卷。

三、实验试剂与仪器

试剂：脱脂棉、冰醋酸、乙酸酐、浓硫酸、丙酮、苯-甲醇混合溶剂（1∶1）、二氯甲烷-甲醇混合溶剂（9∶1）。

仪器：搅拌器、温度计、布氏漏斗、抽滤瓶、水泵、电热水浴锅、表面皿、烧杯。

四、实验内容与方案

1. 三乙酸纤维素的制备

200 mL烧杯中加入3.5 g脱脂棉、35 mL冰醋酸、0.15 mL浓硫酸、25 mL乙酸酐，盖一培养皿于50 ℃水浴中加热。每隔一段时间用玻璃棒搅拌，酰基化约1.5～2 h，使纤维素的全部羟基均被乙酸酐酰化，成均相糊状物。

2. 三乙酸纤维素的分离

取上述糊状产物的一半倒入另一200 mL烧杯，加热至60 ℃，搅拌下慢慢加入12.5 mL浓度为80%的乙酸，在60 ℃保温15 min，以破坏过量的乙酸酐。随后，在搅拌下慢慢加入12 mL去离子水，再以较快速度加入100 mL去离子水，白色、松散的三乙酸纤维素即沉淀出来。反复清洗至中性，再滤出三乙酸纤维素，用瓶盖将水压干，于105 ℃干燥，称重。产物可溶于二氯甲烷-甲醇混合溶剂（9∶1）中，不溶于丙酮及沸腾的1∶1苯-甲醇混合溶剂中。

3. 2.5乙酸纤维素的制备

将另一半糊状产物于60 ℃，在搅拌下慢慢倒入25 mL浓度为70%的乙酸（预先加热到60 ℃）和0.07 mL浓硫酸（2滴）的混合物中，于80 ℃水浴加热2 h，使三乙酸纤维素部分皂化，得2.5乙酸纤维素；之后再加水洗涤、抽滤等，操作与三乙酸纤维素制备的相同。产量约3 g，它溶于丙酮及苯-甲醇混合溶剂（1∶1）中。

五、注意事项

1. 本实验所用棉花以及得到的酰化纤维素虽然质量不大，但体积较大，故也可按其1/2的量进行操作。

2. 制备三乙酸纤维素时，浓硫酸不可直接滴在棉花上。需待冰醋酸、乙酸酐将棉花浸润后再滴入浓硫酸。

六、思考题

1. 试计算本实验中纤维素羟基与乙酸酐的摩尔比。乙酸酐过量多少？破坏这些乙酸酐需用多少水？

2. 计算本实验的产率并列出溶解度试验结果。

实验13 聚乙烯醇缩甲醛的制备及性能测试

一、实验目的

1. 掌握高分子化学反应的特点。
2. 了解聚乙烯醇缩醛化反应的原理。

二、实验原理

早在1931年，人们就已经研制出聚乙烯醇（PVA）纤维，但由于PVA的水溶性而无法实际应用。利用“缩醛化”减少其水溶性，就使得PVA有了较大的实际应用价值，用甲醛进行缩醛化反应得到聚乙烯醇缩甲醛（PVF）。PVF随缩醛化程度不同，性质和用途有所不同。控制缩醛度在35%左右，就得到了人们称为“维尼纶”（vinylon）的纤维材料。维尼纶的强度是棉花的1.5～2.0倍，吸湿性约为5%，接近天然纤维，又称为“合成棉花”。在PVF分子中，如果控制其缩醛度在较低水平，PVF分子中含有羟基、乙酸基和醛基，因此有较强的黏结性能，可作胶水使用，用来黏结金属、木材、皮革、玻璃、陶瓷、橡胶等。

PVF是利用PVA与甲醛在酸催化下反应而制备的，其反应式如下：

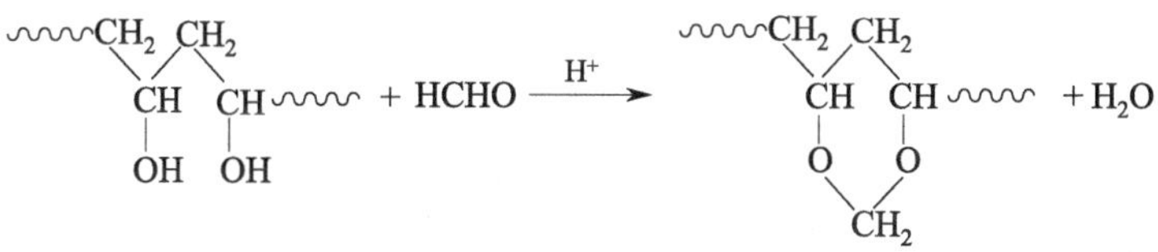

由于概率效应，PVA中邻近羟基成环后，中间往往会夹着一些无法成环的孤立的羟基，因此缩醛化反应不能完全。为了定量表示缩醛化的程度，定义已缩合的羟基量占原始羟基量的百分数为缩醛度。

PVA是水溶性的高聚物，如果用甲醛将它进行部分缩甲醛化，随着缩醛度的增加，水溶性变差。作为维尼纶纤维的PVF的缩醛度一般控制在35%左右。它不溶于水，是性能优良的合成纤维。

本实验是合成水溶性PVF胶水。反应过程中须控制较低的缩醛度，使产物保持水溶性。如反应过于猛烈，则会造成局部高缩醛度，导致不溶性物质存在于水中，影响胶水质量。因此在反应过程中，特别要注意严格控制催化剂用量、反应温度、反应时间及反应物比例等因素。

PVF随缩醛化程度的不同，性质和用途各有不同。它能溶于甲酸、乙酸、二氧六环、氯化烃（二氯乙烷、氯仿、二氯甲烷）、乙醇-苯混合物（30∶70）、乙醇-甲苯混合物（40∶60）以及60%的含水乙醇等。本实验中，由于缩醛化反应的程度较低，胶水中尚含有未反应的甲醛，往往有甲醛的刺激性气味。缩醛基团在碱性环境下较稳定，故要调整胶水的 pH 值。

用水蒸气蒸馏方法破坏 PVF 的缩醛键，生成小分子甲醛，收集并测定其含量，即可得到 PVF 的缩醛度。相应的化学反应式如下：

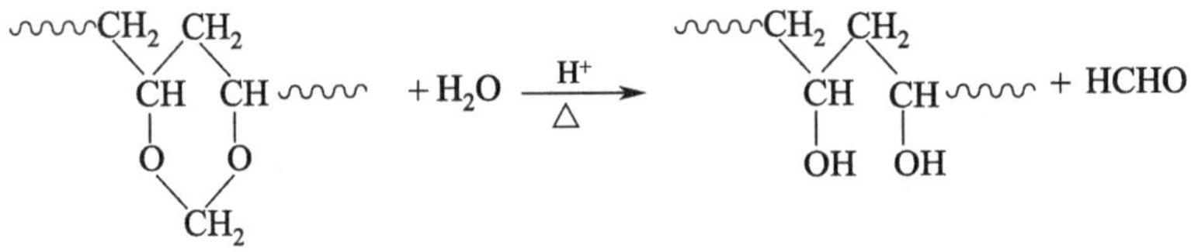

$$HCHO + Na_2SO_3 + H_2O \longrightarrow H_2C(OH){-}SO_3Na + NaOH$$

三、实验试剂与仪器

试剂：聚乙烯醇（PVA 1799）、甲醛水溶液（40%工业甲醛）、1∶4 盐酸、0.2 mol/L 盐酸、8% NaOH 溶液、0.5 mol/L Na_2SO_4 溶液、0.5%玫红酸指示剂、乙醇、去离子水。

仪器：250 mL 三口烧瓶、电动搅拌器、温度计、球形冷凝管、恒温水浴槽、10 mL 量筒、100 mL 量筒、培养皿、黏度计、具塞锥形瓶。

反应装置见图 2-8。

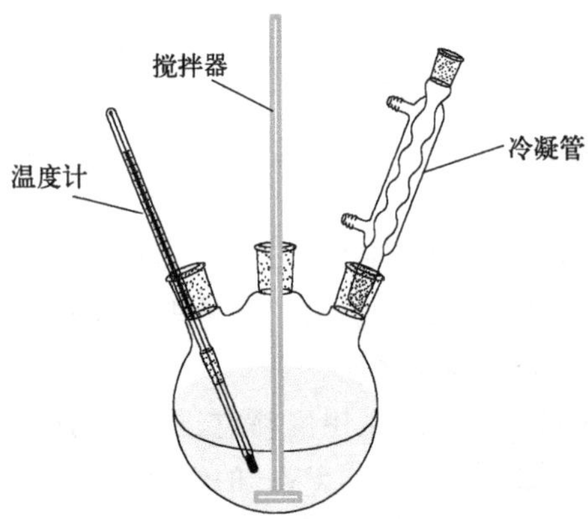

图 2-8　反应装置

四、实验内容与方案

1. 在 250 mL 三口烧瓶中，加入 90 mL 去离子水、7 g PVA，在搅拌下升温溶解。

2. 待聚乙烯醇完全溶解后，于温度 90 ℃左右加入 4.6 mL 甲醛（40%工业甲醛）搅拌 15 min。再加入 1∶4 盐酸，控制反应体系的 pH 值为 1～3，保持反应温度 90 ℃左右。

3. 继续搅拌，反应体系逐渐变稠，当体系中出现气泡或者有絮状物产生，立即加入 1.5 mL 8% NaOH 溶液，同时加入 34 mL 去离子水，调节体系的 pH 值为 8～9，然后冷却降温，获得无色透明黏稠的液体，即市售的胶水。

五、性能测试

测试产品的黏度、pH 值、黏结力：用旋转黏度计或涂-4 黏度计测定黏度并与标准样品比较。胶水质量的检验主要是测定其黏度和缩醛度，但由于测定缩醛度的操作麻烦且费时，因而常借测定胶水中的游离甲醛量来了解缩醛反应完成的情况以及在该反应条件下缩醛度的大小。通常游离甲醛量少，表明缩醛度高，反之表明缩醛度低。

游离甲醛量的测定：将所合成的胶水倒入称量瓶中，称取 5 g 胶水，置于 250 mL 具塞锥形瓶中，加入 30 mL 0.5 mol/L Na_2SO_4 溶液，迅速摇匀（约数秒钟），并加入 3 滴 0.5%玫红酸指示剂，立即用 0.2 mol/L 盐酸标准溶液滴定至溶液由红色变为无色。再用 250 mL 具塞锥形瓶进行空白实验（不加胶水，其余同）。按照下列公式计算游离甲醛量（%）。

$$w(\mathrm{HCHO})=\frac{(V-V_0)c_{\mathrm{HCl}}M}{1000m}\times 100\%$$

式中，V 为滴定胶水消耗盐酸标准溶液的体积，mL；V_0 为空白滴定（不加胶水）消耗的盐酸标准溶液的体积，mL；M 为甲醛的摩尔质量，为 30.03 g/mol；c_{HCl} 为盐酸标准溶液的浓度，mol/L；m 为称取胶水的质量，g。

玫红酸指示剂的配制：称取 0.5 g 玫红酸，溶于 50 mL 乙醇中，然后用去离子水稀释至 100 mL，混匀。

六、注意事项

1. 甲醛是无色、具有强烈气味的刺激性气体，其 35%～40%的水溶液通常称为福尔马林。甲醛是一种原浆毒物，能与蛋白质结合，吸入高浓度甲醛后，会出现呼吸道的严重刺激和水肿。皮肤直接接触甲醛，可引起皮炎、色斑、坏死。实验中应注意勿吸入或皮肤接触甲醛蒸气。

2. 由于缩醛化反应的程度较低，胶水中尚有未反应的甲醛，产物往往有甲醛的刺激性气味。反应结束后将胶水的 pH 值调至弱碱性，主要有以下作用：ⓐ减少分子链间氢键，降低体系黏度；ⓑ缩醛基团在碱性条件下更稳定。

七、思考题

1. 试讨论缩醛反应的机理及催化剂的作用。
2. 为什么缩醛度增加水溶性下降，当达到一定缩醛度之后产物完全不溶于水？
3. 产物制备时为什么要把 pH 值调至 8～9？试讨论缩醛对酸和碱的稳定性。

实验 14　界面缩聚法合成双酚 A 型聚芳酯

一、实验目的

1. 了解界面缩聚法的原理、特点和实施方法。
2. 熟悉聚芳酯的制备方法，了解其工艺过程。

二、实验原理

聚芳酯，又称芳香族聚酯（polyarylate，PAR），是分子主链上带有芳香环和酯键的热塑性特种工程塑料。在工业上多指由双酚 A 与对苯二甲酸或/和间苯二甲酸聚合制得的树脂。它具有优异的透明性、耐热性、阻燃性、紫外线屏蔽性、耐冲击性、表面硬度和耐蠕变性能。聚芳酯的研究始于 20 世纪 50 年代，1957 年比利时人 Couix 首先以对苯二甲酸和间苯二甲酸与双酚 A 通过界面聚合法制得聚芳酯。

界面缩聚法是在常温常压下，两种单体分别溶解在水及与水不相混溶的有机溶剂中，在水和有机溶剂的界面上进行缩聚反应的方法。反应温度一般在 20 ℃左右。聚合反应结束后，经分水，产物用甲醇或丙酮等沉淀剂析出，再经洗涤、离心分离、干燥制得聚合物产品。影响界面缩聚的因素主要有反应温度、单体浓度和摩尔比、溶剂的性质和纯度、乳化剂的类型和用量等。界面聚合由于反应条件温和、反应速率快、易得到高分子量产物等优点，逐渐受到青睐。与传统缩聚法相比，界面缩聚法通常需要使用活泼单体。界面缩聚法合成聚芳酯具有反应条件温和、操作简便、溶剂可回收利用等优点，是一种具有工业化应用前景的绿色合成方法。因此，本实验中采用活性更高的酰氯替换羧酸作为界面缩聚的反应物来合成聚芳酯。

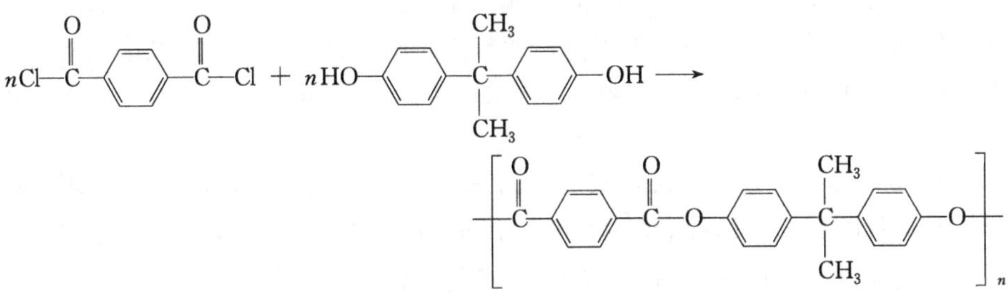

三、实验试剂与仪器

试剂：双酚 A、氢氧化钠、去离子水、三乙基苄基氯化铵（TBEAC）、对苯二甲酰氯（TPC）、间苯二甲酰氯（IPC）、二氯乙烷、甲醇。

仪器：三口烧瓶、球形冷凝管、电动搅拌器、分液漏斗、常压蒸馏装置。

四、实验内容与方案

1. 全对位双酚 A 型聚芳酯的制备

准确称取 2.94 g 双酚 A、1.06 g 氢氧化钠，加入配有球形冷凝管和电动搅拌器的三口烧瓶中，在缓慢搅拌下加入 20 mL 去离子水，待溶液澄清后加入 0.028 g 表面活性剂 TBEAC，放在冰水浴中。准确称取 2.538 g TPC，溶解于 75 mL 二氯乙烷溶剂中，用恒压滴液漏斗滴入三口烧瓶中，0.5 h 内滴加完毕。撤去冰水浴，在室温下反应 3 h 后，加适量甲醇猝灭。用去离子水洗涤多次，直至水相为中性（用 pH 试纸检验）。分出有机相，常压蒸馏出二氯乙烷，得到白色固体，在烘箱中 100 ℃干燥至恒重。

2. 全间位双酚 A 型聚芳酯的制备

方法同步骤 1，将 TPC 换成等质量的 IPC。

3. 对/间位双酚 A 型聚芳酯的制备

方法同步骤 1，将 TPC 换成等质量的 TPC 和 IPC 的混合物，TPC/IPC 质量比为 1∶1。

五、思考题

1. 影响界面缩聚反应的主要因素有哪些？

2. 聚芳酯具有多种优异性能（如透明性、耐热性等），这些性能主要归因于其分子结构中的哪两个关键组成部分？

3. 界面缩聚法合成聚芳酯是一种“具有工业化应用前景的绿色合成方法”，其“绿色”属性体现在哪些方面？

4. 在本实验中，为了利用界面缩聚法合成聚芳酯，采用了什么策略来提高单体反应活性？具体是用什么物质替换了什么物质？

实验 15　羧甲基纤维素盐的制备

一、实验目的

1. 了解聚合反应的特点及规律。
2. 了解纤维素的化学改性、纤维素衍生物的种类及其应用。

二、实验原理

天然纤维素由于分子间和分子内存在很强的氢键作用，难以溶解和熔融，加工成型性能差，限制了纤维素的使用。天然纤维素经过化学改性引入基团可以破坏这些氢键作用，使得纤维素衍生物能够进行纺丝、成膜和成型等加工工艺，因此在高分子工业发展初期占据了非常重要的地位。纤维素的衍生物按取代基的种类可分为醚化纤维素（纤维素的羟基与卤代烃或环氧化物等醚化试剂反应而形成醚键）和酯化纤维素（纤维素的羟基与羧酸或无机酸反应形成酯键）。羧甲基纤维素是一种醚化纤维素，它将氯乙酸与纤维素在碱存在下进行反应而制得。

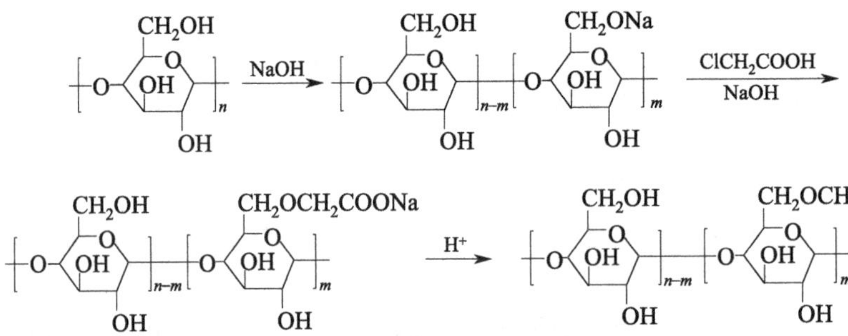

醚化剂与碱纤维素的反应是多相反应，醚化反应取决于醚化剂在碱性水溶液中的溶解和扩散渗透速率，同时还存在纤维素降解和醚化剂水解等副反应。碘代烃作为醚化剂，虽然反应活性高，但是扩散慢、溶解性能差；高级氯代烃也存在同样问题。硫酸二甲酯溶解性好，但是与纤维素反应效率低，只能制备低取代的甲基纤维素。碱溶液浓度和碱纤维素的组成对醚化反应有很大影响，原则上碱纤维素的碱量不应超过活化纤维素羟基的必要量，尽可能降低纤维素的含水量也是必要的。醚化反应结束后，用适量的酸中和未反应的碱以终止反应，经分离、精制和干燥后得到所需产品。

羧甲基纤维素（carboxymethyl cellulose，CMC），由于生产应用上常使用的是它的钠盐，又称羧甲基纤维素钠。CMC 是醚化纤维素物质中应用最广泛的物质之一，属表面活性胶体的高分子化合物，是一种无臭、无味、无毒、水溶性的白色或浅黄色纤维状粉末。商品 CMC 是白色或微黄色粉末颗粒，易溶于水，形成透明胶状液，并在 pH=7 时具有良好的黏度和良好的增稠性、保水性、黏合性、乳化性、成膜性、悬浮性和分散稳定性能，可长期保存不变质，在低温及日光照射下也是稳定的。

CMC是一种聚电解质，能够溶于冷水和热水中，用途广泛，能应用于涂料、纺织、食品、医药、日化、陶瓷、皮革、造纸、电子元器件制造等领域。

三、实验试剂与仪器

试剂：95％异丙醇、70％甲醇、氯乙酸、40％氢氧化钠、微晶纤维素或纤维素粉、10％盐酸、0.1 mol/L NaOH标准溶液、0.1 mol/L盐酸标准溶液、酚酞指示剂、$AgNO_3$溶液、pH试纸。

仪器：机械搅拌器、三口烧瓶、酸式滴定管、温度计、锥形瓶、通氮装置、研钵。

四、实验内容与方案

1. 纤维素的醚化

将10～20份95％异丙醇和1.64份45％ NaOH水溶液加入装有机械搅拌器的三口烧瓶中，通入氮气并开动搅拌，缓慢加入1份微晶纤维素（6 g），于30 ℃剧烈搅拌40 min，即可完成纤维素的碱化。将氯乙酸溶于异丙醇中，配制成75％的溶液，向三口烧瓶中加入1.4份该溶液。充分混合后，升温至75 ℃反应40 min。冷却至室温，用10％的稀盐酸中和至pH为4，用甲醇反复洗涤除去无机盐和未反应的氯乙酸。干燥，粉碎，称重，制得成品。

2. 取代度的测定

用70％的甲醇溶液配成1 mol/L的HCl/CH_3OH溶液，取0.5 g醚化纤维素浸于20 mL上述溶液中，搅拌3 h，使纤维素上的羧甲基钠完全酸化，抽滤，用去离子水洗至溶液无氯离子。用过量的0.1 mol/L NaOH标准溶液溶解，得到透明溶液，以酚酞作指示剂，用0.1 mol/L盐酸标准溶液滴定至终点，计算取代度，并与重量法结果进行比较。

$$取代度=\frac{0.162A}{1-0.058A}$$

式中，A为每克羧甲基纤维素消耗的NaOH的物质的量，单位为mmol。

五、思考题

1. 纤维素中葡萄糖单元有三个羟基，哪个最容易与碱形成醇盐？碱浓度过大对纤维素醚化反应有何影响？

2. 二级和三级氯代烃为什么不能作为纤维素的醚化剂？

3. 取代度计算公式是如何得到的？

第三章

综合实验

实验16　膨胀计法测定甲基丙烯酸甲酯本体聚合反应速率

一、实验目的

1. 掌握膨胀计的使用方法。

2. 掌握膨胀计法测定聚合反应速率的原理。

3. 测定甲基丙烯酸甲酯本体聚合反应平均聚合速率，并验证聚合速率与单体浓度间的动力学关系。

二、基本原理

1. 聚合机理

甲基丙烯酸甲酯的本体聚合是按自由基聚合反应历程进行的，其活性中心为自由基。自由基聚合是合成高分子化学中极为重要的反应，其合成产物约占总聚合物的60%、热塑性树脂的80%以上，常用于合成许多通用塑料、合成橡胶和纤维。甲基丙烯酸甲酯的自由基聚合反应包括链的引发、链增长和链终止，当体系中含有链转移剂时，还可发生链转移反应，其聚合反应过程如下：

① 链引发

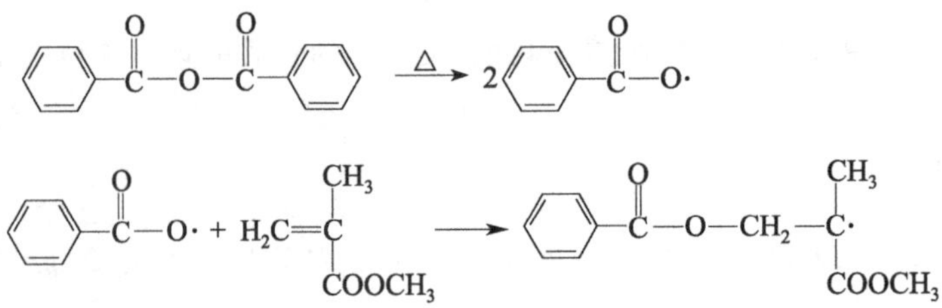

② 链增长

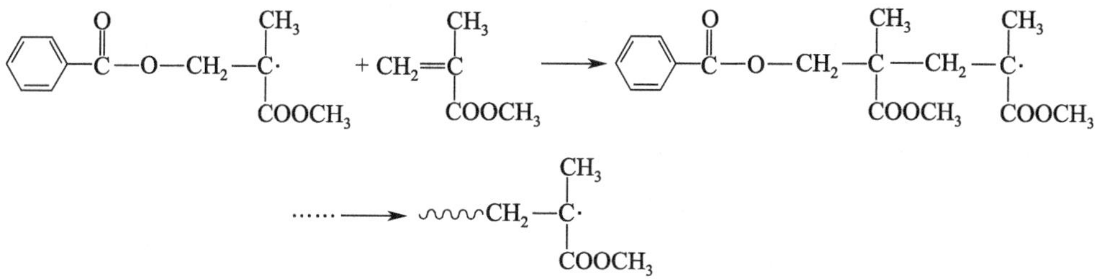

③ 链终止

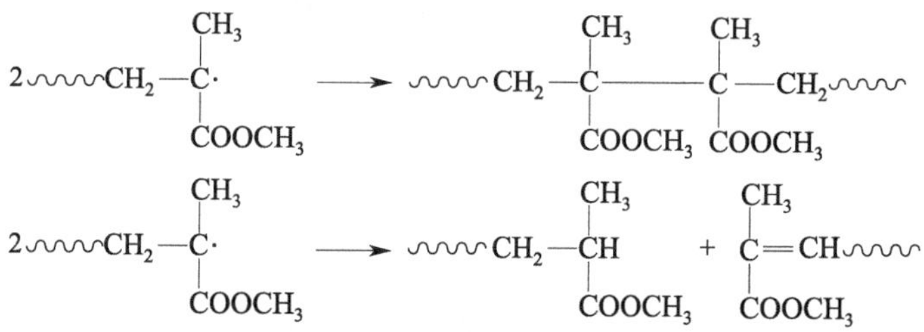

自由基聚合反应通常可采用本体、溶液、悬浮和乳液聚合四种方式进行。其中，本体聚合是不加其他介质，只有单体本身在引发剂或催化剂、热、光作用下进行的聚合，又称块状聚合。本体聚合纯度高、工序简单，但随聚合的进行，转化率提高，体系黏度增大，聚合热难以散出；同时长链自由基末端被包裹，扩散困难，自由基双基终止速率大大降低，致使聚合速率急剧增大而出现自动加速现象，短时间内产生较多的热量，从而引起分子量分布不均，影响产品性能，更为严重的则引起爆聚。因此，甲基丙烯酸甲酯的本体聚合一般采用三段法聚合，而且反应速率的测定只能在低转化率下完成。

2. 反应速率的测定

在聚合过程中，不同的聚合体系和聚合条件具有不同的反应速率。聚合速率的测定，对于工业生产和理论研究具有重要的意义。聚合反应速率的测定一般可分为化学法和物理法两大类。化学法是在聚合反应过程中用化学分析的方法测定生成的聚合物量和残存的单体量。物理法则是利用聚合反应过程中某物理量的变化测定聚合反应速率，这些参数必须正比于反应物或产物的浓度。

本实验采用膨胀计法测定聚合反应速率，由于单体的密度小于聚合物的密度，因此在聚合过程中体系的体积不断缩小。当一定量单体聚合时，体积的变化与聚合反应的转化率成正比。如果将这种体积变化置于一根直径很小的毛细管中观察，测试灵敏度将大大提高，这种方法就叫膨胀计法。

若以 ΔV 表示聚合反应 t 时刻的体积收缩值，则转化率 $C=\dfrac{\Delta V}{V_0 K}$。其中，$V_0$ 为聚合体系的起始体积；K 为单体全部转化为聚合物时的体积变化率，即 $K=\dfrac{d_p-d_m}{d_p}\times 100\%$，其中，$d_p$ 聚合物的密度，d_m 为单体的密度，则聚合反应速率为：

$$R_p=\frac{d[M]}{dt}=\frac{[M]_2-[M]_1}{t_2-t_1}=\frac{C_2[M]_0-C_1[M]_0}{t_2-t_1}=\frac{C_2-C_1}{t_2-t_1}[M]_0$$

因此，通过测定某一时刻聚合体系的体积收缩值和转化率，进而做出转化率与时间的关系曲线，取直线部分的斜率，即可求出平均聚合反应速率。

应用膨胀计法测定聚合反应速率既简便又准确，此法只适用于测量转化率在10%范围内的聚合反应速率，因为只有在稳定阶段（10%以内的转化率），体积收缩值与时间呈线性关系，才能用上式求取平均速率。超过此阶段，体系黏度增大，导致反应速率自动加速，用上式计算的速率已不是体系的真实速率，而且膨胀计毛细管弯月面的黏附也会导致较大误差。

3. 验证动力学关系

根据自由基聚合反应机理在一定假设条件下可推导出聚合初期的动力学微分方程

$$-\frac{d[M]}{dt}=k[I]^{0.5}[M]$$

在转化率低的情况下，可假定引发剂浓度保持恒定，将微分式积分可得如下式：$\ln\frac{[M]_0}{[M]}=Kt$，式中，$[M]_0$ 为起始单体的浓度，$[M]$ 为 t 时刻单体的浓度，K 为常数。此式为直线方程，如果从实验中测出不同时间的单体浓度值，算出不同时间的 $\ln\frac{[M]_0}{[M]}$数值，依此作图，应得一条直线，由此可验证聚合反应速率与单体浓度的动力学关系式。

已知 t 时刻反应掉的单体量为 $C[M]_0=\frac{\Delta V}{V_0K}[M]_0$，$t$ 时刻体系中剩下的单体量为$[M]=[M]_0-\frac{\Delta V}{V_0K}[M]_0=[M]_0(1-\frac{\Delta V}{V_0K})$，则$\frac{[M]_0}{[M]}=\frac{1}{1-\frac{\Delta V}{V_0K}}$；$\ln\frac{[M]_0}{[M]}=\ln\left(\frac{1}{1-\frac{\Delta V}{V_0K}}\right)$。因此测出不同时间的体积收缩值 ΔV 就可算出 $\ln\frac{[M]_0}{[M]}$值，作 $\ln\frac{[M]_0}{[M]}$与 t 的关系曲线，即可验证甲基丙烯酸甲酯聚合初期聚合反应速率与其浓度为一级线性关系。

三、实验试剂与仪器

试剂：甲基丙烯酸甲酯（聚合级，28 mL）、过氧化苯甲酰（精制，化学纯，0.26 g±0.05 g）。

仪器：膨胀计（如图 3-1 所示）、恒温水浴装置（控温精度 0.1℃）、25 mL 磨口锥形瓶、50 mL 小烧杯、洗耳球、1 mL 和 2 mL 注射器、称量瓶、20 mL 移液管、分析天平（最小精度 0.1 mg）、阿贝折光仪。

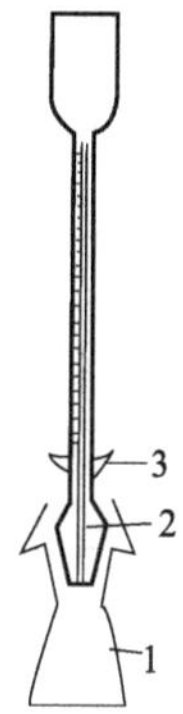

图 3-1 毛细管膨胀计

1—聚合瓶；2—毛细管；3—磨口

四、实验内容与方案

1. 用移液管将甲基丙烯酸甲酯移入洗净、烘干的 25 mL 磨口锥形瓶中，加入 0.26 g 已精制的过氧化苯甲酰，摇匀溶解。

2. 在膨胀计毛细管的磨口处均匀涂抹真空油脂，将毛细管口与聚合瓶旋转配合，用橡皮筋固定好，用分析天平精确称量得 m_1。

3. 取下膨胀计的毛细管，将已配好的单体和引发剂溶液缓慢加入聚合瓶至磨口下沿往上 1/3 处。将剩余的单体和引发剂溶液倒入小烧杯中，毛细管底部浸入其中，用洗耳球吸取液体至毛细管 1.5 mL 刻度左右，再将毛细管口与聚合瓶旋转配合，检查是否严密，防止泄漏。然后仔细观察聚合瓶和毛细管中的溶液是否残留有气泡，如有气泡，必须取下毛细管并将磨口重新涂抹真空油脂再配合好；若没有气泡则用橡皮筋固定好，用滤纸把膨胀计上溢出的单体吸干，再用分析天平称量得 m_2。

4. 将膨胀计放入 50 ℃±0.1 ℃的恒温水浴中，此时膨胀计毛细管中的液面由于受热而迅速上升。仔细观察毛细管中液面高度的变化，当反应物与水浴温度达到平衡时，毛细管中的液面不再上升，记录此时液面高度，即为反应的起始点。

5. 反应初期，由于体系混有少量杂质，使聚合反应的链引发不能立即开始，毛细管中的液面高度在短时间内保持不变，此时即开始记录数据，每隔 5 min 记录一次，这段时间称为诱导期。过了诱导期，液面开始下降，随着反应的进行，液面高度与时间呈线性关系。大约经过 60 min，转化率达 10%即可停止反应。

6. 从水浴中取出膨胀计，将聚合瓶中的聚合物倒入回收瓶，在小烧杯中用少量丙酮浸泡，用洗耳球不断地将丙酮吸入毛细管中反复冲洗，至毛细管中充满丙酮后迅速流下，干燥即可。

五、结果与讨论

1. 实验参数

(1) 聚合体系的起始体积 V_0(mL)$=m/d_m$，50 ℃时 d_m 为 0.94 g/mL；m 为膨胀计中聚合液的质量，$m(g)=m_2-m_1$。

(2) 体积变化率 $K=\frac{d_p-d_m}{d_p}\times100\%$，50 ℃时 d_p 为 1.179 g/mL。

(3) 单体起始浓度 $[M]_0=\frac{m/M}{V}=\frac{Vd_m}{M}\times\frac{1}{V}\times10^3=\frac{d_m}{M}\times10^3$(mol/L)，式中，$M$ 为甲基丙烯酸甲酯的摩尔质量。

2. 测定聚合速率

按下表记录数据，计算各参数，绘制转化率 C（%）与聚合时间 t 的关系曲线，线性回归求得斜率，乘以单体浓度即得聚合初期的反应速率。

实验参数	t/s	T/℃	V/mL	ΔV/mL	C/%	$\ln\frac{1}{1-\frac{\Delta V}{V_0K}}$

其他需记录的参数包括：m_1(g) 和 m_2(g)。

3. 验证动力学关系式

按上表求出最后一项，做出 $\ln\frac{1}{1-\frac{\Delta V}{V_0K}}$ 与 t 的关系曲线，求出直线斜率进行验证。

六、实验拓展

1. 用已配制好的单体聚合液制备有机玻璃棒

即在前述聚合速率的测定进行了大约 20 min 后，将放有剩余聚合液的 25 mL 磨口锥形瓶放入 80 ℃水浴中进行预聚，放入后要经常摇动，并仔细观察变化，待预聚物呈黏稠状且黏度稍大于甘油时（此时转化率约 10%，需用时 20～30 min），将预聚物沿管壁缓慢倒入试管中（事先将一小工艺品或图片放入试管内可制得有机玻璃工艺品），操作时注意不要产生气泡。然后放入 45 ℃水浴中聚合 8 h，使转化率达到 75%～80%。最后将试管放入烘箱中在 95～100 ℃聚合 8 h，即可得到一透明度高、表面光洁的圆柱形有机玻璃棒。

2. 采用折射率法测定聚合速率

称取 15 mg 偶氮二异丁腈溶于 15 mL 甲基丙烯酸甲酯单体中，溶解，用注射器迅速注入已用氮气驱氧的 2 mL 安瓿瓶中，立即熔封，检查是否漏液，一共制备 13 支。然后将所有安瓿瓶放入 70 ℃的恒温水槽中的烧杯中，开始计时，每隔 5 min 取出一支安瓿瓶，摇动并迅速用冷水冷却，打开安瓿瓶，取出一滴聚合混合液置于阿贝折射仪的棱镜上，测定折射率，测定结束后立即用丙酮清洗棱镜，再进行下一个

样品的测试。按下式计算转化率，

$$C=\frac{1.0638(n_p-1.4147)}{0.2156n_p-0.2395}$$

式中，n_p 为所测得的聚合混合液的折射率。

七、背景知识

聚甲基丙烯酸甲酯（polymethyl methacrylate，PMMA），也称亚克力树脂，密度小，具有优良的透光性能、力学性能和耐候性。采用本体聚合法制得的 PMMA，由于分子链中有庞大侧基存在，为无定形固体，具有高度的透明性，密度小，制品比同体积无机玻璃轻巧得多，同时又具有一定的耐冲击性与良好的低温性能，是航空工业与光学仪器制造工业的重要原料，主要用作航空透明材料（如飞机风挡和座舱罩等）、建筑透明材料（如天窗和天棚等）、仪表防护罩、车辆风挡、光学透镜、医用导光管、化工耐腐蚀透镜、设备标牌、仪表盘和罩盒、汽车尾灯灯罩、电器绝缘部件及文具和生活用品。采用悬浮法制得的 PMMA，其分子量比浇铸型的低，可以注射、模压和挤出成型，主要用于制交通信号灯罩、工业透镜、仪表控制板、设备罩壳和假牙、牙托、假肢及其他模制品。

甲基丙烯酸甲酯是一种活性高而易于均聚和共聚的单体。工业上通常采用本体浇铸法和悬浮法制备它的均聚物。

本体聚合法制备 PMMA 时具有产生凝胶效应、易爆聚和体积收缩率大等特点，所以工业上采用 90 ℃预聚、40～70 ℃聚合、120 ℃后聚合的三段聚合工艺，其生产 8～12 mm 厚的有机玻璃的典型配方为：单体 100 份、偶氮二异丁腈 0.025 份、邻苯二甲酸二丁酯 5 份、硬脂酸 0.2 份、甲基丙烯酸 0.1 份。

悬浮法制备 PMMA 采用逐步升温法，由常温逐步升至 90 ℃，典型配方为：单体 70 份、软水 420 份、甲基丙烯酸钠 18 份、过氧化苯甲酰 0.54 份、聚乙烯醇 0.025 份。此外，甲基丙烯酸甲酯还可与其他烯类单体或丙烯酸酯类单体产生共聚，以溶液或乳液聚合方式生产，用于涂料、胶黏剂等精细化工行业。

八、注意事项

1. 测定动力学用的甲基丙烯酸甲酯必须是新蒸馏的。

2. 在操作过程中，当未用橡皮筋将毛细管和聚合瓶固定时，一定要将它们分别放好，以防摔碎。另外，尽量不要用手拿聚合瓶，以防聚合液受热，毛细管内液面波动较大。

3. 若聚合瓶和毛细管的磨口处聚合液多次泄漏，则应更换新的膨胀计。

九、思考题

1. 本体聚合对单体有何要求？

2. 甲基丙烯酸甲酯在聚合过程中为何会产生体积收缩现象？本实验测定聚合反应速率的原理是什么？如果测定时水浴温度偏高，对实验结果有何影响？

3. 若采用偶氮二异丁腈作引发剂，聚合反应速率将如何改变？实验过程中有何现象发生？

实验 17　苯乙烯-顺丁烯二酸酐的共聚及共聚物组成的测定

一、实验目的

1. 了解共聚合反应的基本原理和实验方法。
2. 掌握测定苯乙烯-顺丁烯二酸酐共聚物组成的原理。

二、实验原理

1. 苯乙烯-顺丁烯二酸酐的共聚合反应

共聚物是主链上接有两种（或两种以上）单体单元的聚合物。共聚物的性质被认为具有这两种（或两种以上）单体均聚物的混合性质[5]。这种性质变化主要由两种单体单元的组成比例、在链中的排列方式决定，而共聚物的组成和排列方式又主要由两种单体单元的竞聚率 r_1、r_2 决定。当 $r_1=r_2=0$ 时，单体排列将是交替连接，这种聚合物称为交替共聚物。

顺丁烯二酸酐的结构对称，极化度低，一般不能自聚，但是它能与苯乙烯共聚。这是因为顺丁烯二酸酐上有强吸电子基，使双键上电子云密度降低，具有正电性；而苯乙烯具有共轭体系的结构，电子的流动性相当大，具有负电性，它们之间会产生如下作用：

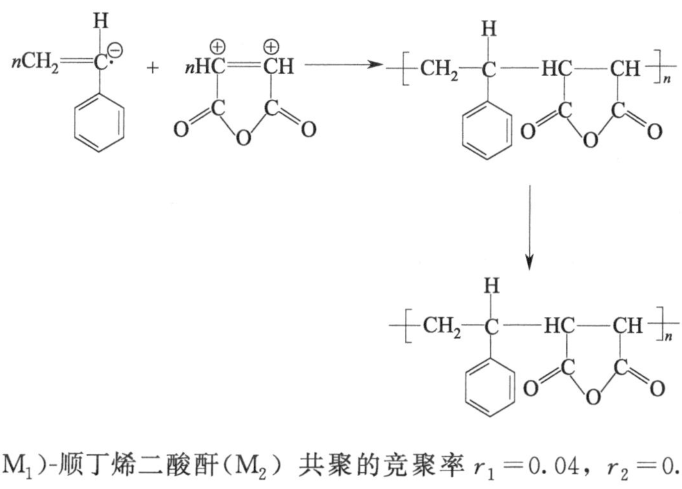

苯乙烯(M_1)-顺丁烯二酸酐(M_2) 共聚的竞聚率 $r_1=0.04$，$r_2=0.015$，$r_1r_2=0.0006$。若两者以摩尔比 1∶1 投料，则得到的是接近交替共聚的产物。共聚组成方程为：

$$F_1=\frac{r_1f_1^2+f_1f_2}{r_1f_1^2+2f_1f_2+r_2f_2^2}$$

其 F_1-f_1 的共聚曲线如图 3-2 所示。

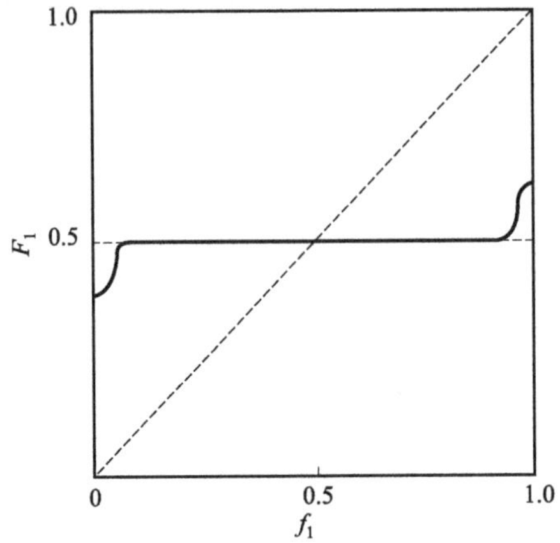

图 3-2 苯乙烯与顺丁烯二酸酐的共聚曲线

顺丁烯二酸酐除与苯乙烯生成交替聚合物外，还可以与 α-烯烃、乙烯基醚、乙烯基硫醚等强供电子单体进行交替聚合。此外，顺反丁烯二酸、顺反丁烯二腈等吸电子单体也能进行如上的交替共聚。

顺丁烯二酸酐与苯乙烯的交替共聚物可溶于四氢呋喃、二氧六环、二甲基甲酰胺等溶剂中，但不溶于四氯化碳、氯仿、甲苯、甲醇等中。故在上述不溶溶剂中进行聚合反应时，所生成的聚合物和长链自由基将以固态形式从溶液中沉淀出来，构成非均相体系，我们把这种体系称作沉淀聚合或淤浆聚合。沉淀聚合的长链自由基容易被包裹而引起自动加速效应，因此聚合速率高，分子量大。而且非均相体系的形成可大大降低体系的黏度，改善传热。因此，沉淀聚合在实际生产中应用非常广泛。

2. 共聚物组成的测定

苯乙烯-顺丁烯二酸酐共聚物的测定，是根据共聚物中酸酐的反应来进行。首先，共聚物用过量的氢氧化钠溶解：

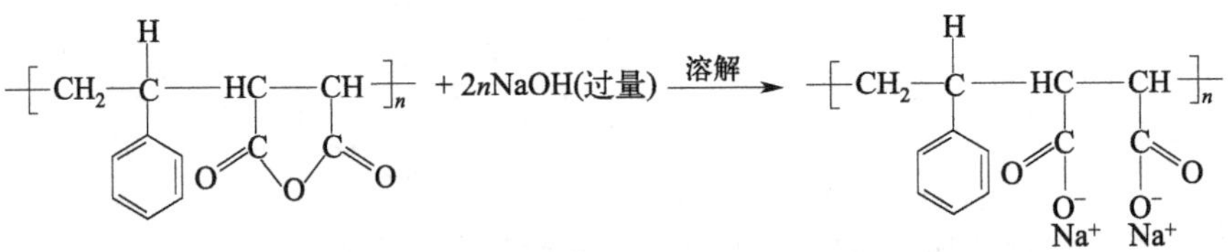

剩余的 NaOH 用 HCl 滴定，这样就可求得共聚物的组成。共聚物与氢氧化钠的反应是高分子化学反应，具有反应速率较慢，反应不完全等特点。因此，共聚物与 NaOH 能否完全反应，溶解是该实验成败的关键之一。

三、实验试剂与仪器

试剂：苯乙烯（分析纯）、顺丁烯二酸酐（分析纯）、偶氮二异丁腈（分析纯）、甲苯（分析纯）、0.5 mol/L NaOH 溶液、0.5 mol/L HCl 溶液、酚酞指示剂。

仪器：搅拌器、调压变压器、封闭式电炉、水浴锅、四口烧瓶（250 mL）、球形冷凝管、温度计（100 ℃）、氮气导管、烧杯、锥形瓶（250 mL）、培养皿、氮气袋、酸式滴定管、量筒（100 mL）、移液管（20 mL）。

四、实验内容与方案

1. 共聚物的合成

① 在 250 mL 四口烧瓶上装上温度计、搅拌器、球形冷凝管及氮气导管。

② 将 100 mL 甲苯、5.9 g 顺丁烯二酸酐加入四口烧瓶中，加热并搅拌。升温至 50 ℃后，顺丁烯二酸酐全部溶解，冷却至室温。

③ 加入苯乙烯 6.2 g、偶氮二异丁腈 0.020～0.025 g（精确称取），通氮气 10 min，然后加热至反应温度 75～77 ℃。

④ 反应过程中，注意观察现象，在反应物渐渐变稠，搅拌困难时，停止反应（约 1 h）。冷却后将产物倒出，用布氏漏斗过滤，滤液倒入回收瓶中。

⑤ 将滤饼置于 1000 mL 大烧杯内，用水洗至 pH＝7，最后一次用 60 ℃去离子水洗，用布氏漏斗过滤抽干。将产品置于培养皿中，在真空烘箱中 60 ℃烘干，称量，计算产率。

2. 共聚物组成的测定

① 在两只 250 mL 锥形瓶中，分别称入经研细的共聚产物约 0.5 g（精确至小数点后三位），用移液管各加入 20 mL 0.5 mol/L NaOH 溶液。

② 在锥形瓶上装上球形冷凝管，在沸水浴上加热反应，待物料完全反应，呈无色透明后，用少量去离子水洗冷凝管后，取下锥形瓶。

③ 样品冷至室温后，加三滴酚酞指示剂，用盐酸标准溶液滴定至无色即为终点。

④ 平行滴定两个样品，按下式计算共聚物中顺丁烯二酸酐的质量分数，取其平均值。

$$w_{顺}=\frac{M(c_{NaOH}V_{NaOH}-c_{HCl}V_{HCl})}{2\times m_{共}\times 1000}$$

式中，$w_{顺}$ 为顺丁烯二酸酐的质量分数；V_{NaOH}、V_{HCl} 分别为滴定消耗 NaOH、HCl 标准溶液的体积；c_{NaOH}、c_{HCl} 分别为 NaOH 和 HCl 的浓度；M 为顺丁烯二酸酐的摩尔质量，为 98.06 g/mol；$m_{共}$ 为称取的共聚物的质量。

五、注意事项

1. 共聚时，反应瓶应干燥，不能有水。否则，实验易失败。

2. 沉淀聚合会产生凝胶效应，使反应自动加速加剧，在反应过程中，要控制好温度，避免由于反应放热而引起冲料。

3. 为提高产率，可在反应后期，将反应温度升至 80 ℃。

六、思考题

1. 合成苯乙烯-顺丁烯二酸酐共聚物及测定该共聚物组成的基本原理是什么？

2. 对所得共聚物的产率及共聚物组成的实验值与计算值进行比较，并分析原因。

实验18 高吸水性树脂聚丙烯酸的制备及吸水性测试

一、实验目的

1. 了解高吸水性树脂的制备方法。
2. 了解高吸水性树脂的吸水原理及影响因素。

二、实验原理

高吸水性树脂（super absorbent polymer，SAP）是一种新型功能高分子材料，具有亲水基团，能大量吸收水分而溶胀，又能保持住水分不外流，其他高吸水性树脂有淀粉接枝丙烯酸盐类、接枝丙烯酰胺、高取代度交联羧甲基纤维素、交联羧甲基纤维素接枝丙烯酰胺、交联型羟乙基纤维素接枝丙烯酰胺聚合物等。SAP一般可以吸收相当于树脂质量100倍以上的水分，最高吸水量可达自身质量的1000倍。高吸水性树脂由于其优良的吸水性和保水性，已广泛应用于卫生材料、农林、园艺、脱水剂、化学蓄冷剂、蓄热剂、污泥固化剂、防露水用壁材、食品保鲜剂、水膨胀涂料和复合吸水材料等方面。

SAP属于水凝胶，能够通过和水分子连接的氢键吸收溶液。因此，高吸水性高分子吸水能力受溶液离子浓度影响。在去离子水（或蒸馏水）中，高吸水性高分子可以吸收500倍于自身质量（30～60倍于自身体积），但是如果放入0.9%盐水中，吸水能力下降到50倍于自身质量。溶液中的阳离子会降低高分子与水分子形成氢键的能力。总吸水性和膨胀能力由高分子的交联类型和交联度所控制。低密度交联水凝胶通常具有较高吸水能力，并膨胀到比较大的程度。高交联密度的水凝胶显示出更低吸水能力和膨胀能力。水凝胶的强度较强，能在适当的压力下保持颗粒的形状。

SAP的性能包括树脂的吸水能力、吸液速率、保水能力、强度和稳定性等，其中吸水倍率是SAP最重要的性能指标。Flory-Huggins公式可较全面地反映影响树脂吸水能力的各种因素。

吸收倍率 Q_m（膨胀度）指1 g树脂所吸收的液体的量，单位为g/g或倍。

$$Q_\mathrm{m}=\frac{m_2-m_1}{m_1}$$

式中，m_1 为树脂（干态）的质量，g；m_2 为树脂吸水饱和后的质量，g。

$$Q^{5/3}\approx\frac{\left(\frac{i}{2V_\mathrm{u}S^{1/2}}\right)^2\left(\frac{1}{2}-x_1\right)/V_1}{V_\mathrm{e}/V_0}$$

式中，Q 为溶胀比；V_u 为单体摩尔体积；S 为离子强度，$S=0.5\sum c_i z_i^2$；c_i

为第 i 种离子的浓度；z_i 为第 i 种离子的电荷数；V_e 为有效交联链的体积，即与交联密度相关的有效体积参数，m^3 或 cm^3；V_0 为干燥树脂的体积，指树脂在干燥状态下的初始体积，m^3 或 cm^3；i 为离子化程度；x_1 是 Flory-Huggins 相互作用参数；V_1 为溶剂的摩尔体积。

SAP 主要的聚合方法包括本体聚合法、反相悬浮聚合法和溶液聚合法等。本体聚合法由于反应热难以排除，加上聚合物出料难，多用于实验室合成。反相悬浮聚合法是以油相溶剂为分散剂，水溶性单体在分散剂和强烈搅拌作用下，分散成悬浮水相液滴，引发剂溶解在水相液滴中而进行的聚合反应。溶液聚合法是反应单体和引发剂等在适当的溶剂中进行聚合，聚合工艺简单，单体转化率高，吸水能力和保水能力强，具有物耗低、能耗低、污染小的特点，是一种符合环保节能的制备方法，特别适合于工业化生产。SAP 反应方程式如下：

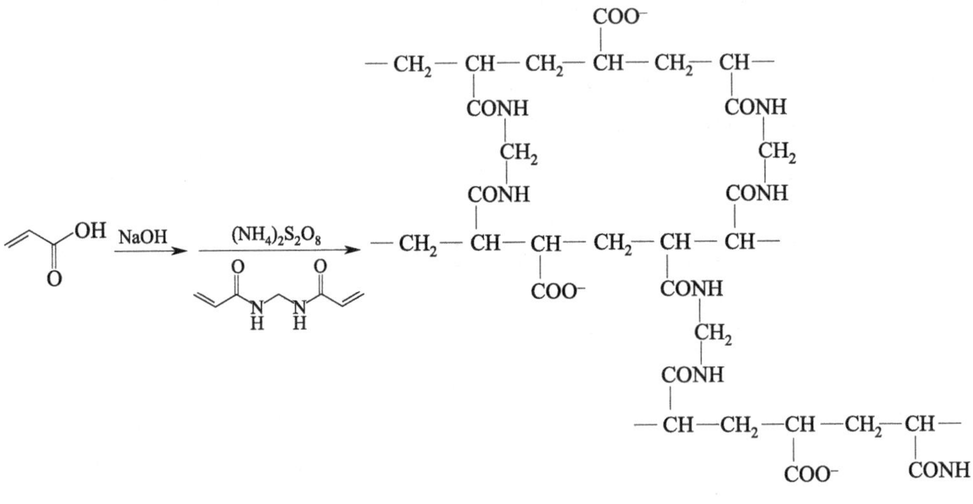

三、实验试剂与仪器

试剂：丙烯酸、氢氧化钠、N,N-亚甲基双丙烯酰胺、过硫酸铵。

仪器：烧杯、尼龙网、培养皿、冰水浴、真空干燥器。

四、实验内容与方案

1. 取 20 g 丙烯酸于 100 mL 烧杯中，逐渐加入 40% NaOH 溶液，反应在冰水浴中进行，使其中和度为 60%～80%。

2. 加入 0.24 g 交联剂 N,N-亚甲基双丙烯酰胺、0.03 g 的过硫酸铵引发剂，不断搅拌直至溶解完全。

3. 置于三口烧瓶中，在温度为 65 ℃条件下进行反应，反应 1 h 后停止搅拌。

4. 将溶液倒入大面积的玻璃培养皿中，然后将其放入温度为 80 ℃烘箱中进行干燥，待烘烤至成型并且不再粘手时取出，用剪刀将产品剪成小块，并将剪好的小块放在表面皿上，继续放入烘箱中烘烤 3～5 h，直至产品完全干燥。

5. 测量吸水性树脂的溶胀率

$$溶胀率=\frac{m_0+m_{水}}{m_0}$$

式中，m_0 为树脂的质量；$m_{水}$ 为树脂吸水的质量。

五、注意事项

1. 制备树脂的过程中，所有用水均需要用去离子水，不能用自来水。因为自来水中的离子会对聚合过程产生影响。

2. 投料时应将 NaOH 慢慢加入丙烯酸中，酸碱中和会放出大量热。

六、思考题

1. 高吸水性树脂一般具备什么样的结构？

2. 高吸水性树脂的溶胀原理是什么？

3. 影响高吸水性树脂吸水倍率的因素有哪些？

实验 19 水质稳定剂——低分子量聚丙烯酸(钠盐)的合成

一、实验目的

1. 了解聚丙烯酸钠水处理剂的合成原理。
2. 掌握聚丙烯酸分子量测定的基本原理和基本操作。
3. 掌握阻垢剂和分散剂的评价原理和方法。

二、实验原理

聚丙烯酸（polyacrylic acid，PAA）是一类高分子电解质，也是一种新型功能高分子材料，用途广泛，可用于食品、饲料、纺织、造纸、水处理、涂料、石油化工和冶金等行业。其通常以钠盐的形式存在，即聚丙烯酸钠盐（sodium polyacrylate，PAANa）。PAA 的用途与其分子量有很大关系，一般来说，低分子量（500～5000）PAA 产品主要用作颜料分散剂和水处理剂等；中等分子量（10^4～10^6）PAA 主要用作增稠剂、黏度稳定剂和保水剂等；高分子量 PAA 主要用作絮凝剂和增稠剂等。

因为低分子量 PAA 具有良好的水溶性和较大的极性，能够结合水中的钙、镁等多价离子形成可溶的链状阴离子，因此，在工业热交换设备中采用低分子量的 PAA 作水质稳定剂，防止水结垢。作为阻垢剂用的 PAA 分子量都在 1 万以下，PAA 的分子量大小对阻垢效果有极大影响。各项试验表明：低分子量的 PAA 阻垢作用显著，而高分子量的 PAA 无阻垢作用。丙烯酸单体极易聚合，可以通过本体、溶液、乳液和悬浮等聚合方法得到 PAA。它符合一般的自由基聚合反应规律，本实验用控制引发剂用量和应用调聚剂异丙醇，合成低分子量的 PAA，并用端基滴定法测定分子量。

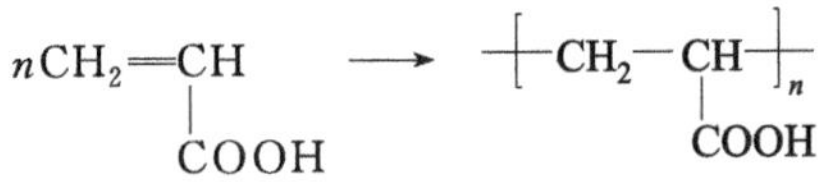

三、实验试剂与仪器

试剂：丙烯酸、过硫酸铵、异丙醇、氢氧化钠、丙酮、去离子水、石油醚、氯化钠。

仪器：三口烧瓶、滴液漏斗、球形冷凝管、电热套、调压器、水循环真空泵、布氏漏斗、真空烘箱、恒温水浴、干燥箱等。

四、实验内容与方案

1. 低分子量 PAA 的合成

在带有球形冷凝管和两个滴液漏斗的 250 mL 三口烧瓶中，加入 80 mL 去离子水和 1 g 过硫酸铵。待过硫酸铵溶解后，加入 3 mL 丙烯酸单体和 5 mL 异丙醇。开动搅拌器，加热使瓶内温度达到 65～70 ℃。在此温度下把 27 mL 丙烯酸单体和 2 g 过硫酸铵溶解在 15 mL 去离子水中，分别由漏斗渐渐滴入瓶内，由于聚合过程中放出热量，瓶内温度有所升高，反应液逐渐回流，滴完丙烯酸和过硫酸铵溶液约需 0.5 h，其后在 94 ℃继续回流 1 h，反应可完成。PAA 分子量约在 400～500 之间。

如要得到 PAANa，在已制成的 PAA 水溶液中，加入浓氢氧化钠溶液（浓度 30%），边搅拌边进行中和，使溶液的 pH 值达到 10～12 范围内，即制得淡黄色透明黏稠的 PAANa。将该溶液滴加至丙酮中，再过滤，真空干燥可得到 PAANa 的固体粉末。

2. 端基法测定 PAA 的分子量

PAA 的分子量是通过酸碱滴定的方法来获得的。新制的 PAA 不溶解于石油醚和丙酮中，所以将制得的产物转移到石油醚中，然后分离，在温度为 50 ℃的烘箱中干燥。

PAA 的酸性较其单体要弱，其滴定曲线中随中和程度的增加 pH 值上升较慢。当滴定在水中进行时，不易被精确地滴定，不能出现明显的突跃，难以确定滴定终点。但是若滴定在 0.01～1 mol/L 中性盐类溶液中进行，滴定终点清楚，滴定的准确性也较高。

准确称取约 0.2 g PAA 样品放入 100 mL 烧杯中，加入 1 mol/L 的氯化钠溶液 50 mL，用 0.2 mol/L 的 NaOH 标准溶液滴定，测定其 pH 值，用消耗的 NaOH 标准溶液体积（mL）对 pH 作图，找出终点所消耗的碱量。例如：

碱耗量/mL	9	10	11	12	13	14	15
pH 值	5.73	6.21	7.12	9.93	11.41	11.79	12.00
终点碱耗量/mL	11.7						

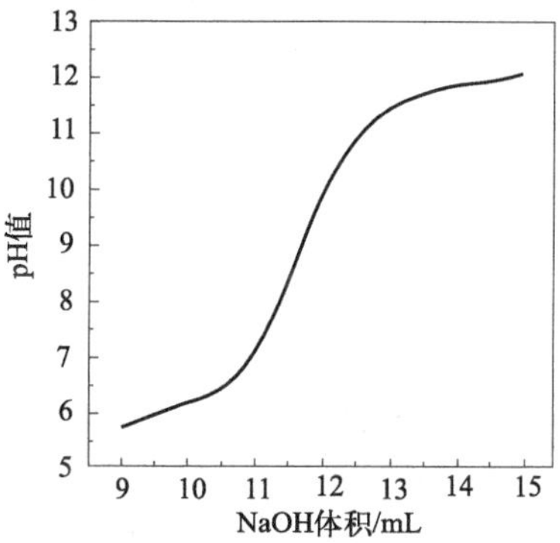

按下式计算分子量：

$$M=\frac{2}{\frac{1}{72}-\frac{cV}{m\times1000}}$$

式中 M——聚丙烯酸分子量；

V——滴定试样所消耗的氢氧化钠标准溶液的体积；

c——氢氧化钠标准溶液的物质的量浓度；

m——试样的质量；

1/72——每克样品所含有的羧基摩尔数的理论值；

2——1 个 PAA 分子链两端各有一个内酯。

五、低分子量 PAANa 的净水性能测试

将不同剂量（10～350 mg/L）的 PAANa 表面活性剂加入 100 mL 100 mg/L 的活性红 3BS 溶液中，用玻璃棒搅拌混合 10 s 后，溶液中逐渐形成有色沉淀，静置 24 h 后过滤。用紫外-可见分光光度计测定吸附前后溶液中的染料浓度变化，并按照以下公式计算染料去除率（R）：

$$R=\frac{c_0-c_1}{c_0}\times100\%$$

式中，c_0 为吸附前溶液中染料的初始浓度，mg/L；c_1 为吸附后溶液中剩余的染料浓度。以此评价极性基团诱导季铵盐表面活性剂处理水中染料的净水性能。

六、注意事项

1. PAA 样品经薄膜蒸发器干燥处理或在石油醚中沉淀，沉淀物晾干后在 50 ℃烘箱中烘干，然后再于 50 ℃真空烘箱中烘干。

2. 样品与盐溶液的浓度配比对滴定结果具有显著影响。当样品浓度较高时，所加入的中和用盐溶液浓度也需相应提高；否则，高浓度样品的滴定曲线终点转折会变得不明显，导致终点难以判断。这种现象的机理在于：中性盐的加入能够压缩电离羟基周围的扩散双电层厚度，从而削弱其对邻近羟基电离的抑制作用，使得表观酸强度增强。中性盐对电离度的影响主要取决于其浓度及阳离子半径，而阴离子的种类则几乎不产生作用。

七、思考题

1. 试比较本体、溶液、乳液和悬浮等聚合方法的特点。

2. 聚合物分子量的测定方法中，端基法测定聚合物分子量有何局限性？端基分析法除用于测定聚合物的分子量外，还有何用途？

实验 20 溶液聚合法制备纳米聚苯胺及其表征

一、实验目的

1. 掌握纳米聚合物的结构特点及其导电原理。

2. 探究浓度、温度和混合方法等对聚苯胺产物的影响，掌握纳米聚苯胺的合成方法和原理。

3. 了解纳米聚苯胺的应用领域。

二、实验原理

聚苯胺是一种导电高分子化合物，具有特殊的电学、光学性质，经掺杂后具有导电性及电化学性能。经一定处理后，可制得各种具有特殊功能的设备和材料，如可作为生物或化学传感器的尿素酶传感器、电子场发射源、较传统锂电极材料在充放电过程中具有更优异的可逆性的电极材料、选择性膜材料、防静电和电磁屏蔽材料、导电纤维、防腐材料等。聚苯胺因其具有的原料易得、合成工艺简单、化学及环境稳定性好等特点而得到了广泛的研究和应用。

聚苯胺的电活性源于分子链中的 π 电子共轭结构：随分子链中 π 电子体系的扩大，π 成键态和 π^* 反键态分别形成价带和导带，这种非定域的 π 电子共轭结构经掺杂可形成 P 型和 N 型导电态。不同于其他导电高分子在氧化剂作用下产生阳离子空位的掺杂机制，聚苯胺的掺杂过程中电子数目不发生改变，而是由掺杂的质子酸分解产生 H^+ 和对阴离子（如 Cl^-、SO_4^{2-}、PO_4^{3-}）进入主链，与胺和亚胺基团中 N 原子结合形成极子和双极子离域到整个分子链的 π 键中，从而使聚苯胺呈现较高的导电性。这种独特的掺杂机制使得聚苯胺的掺杂和脱掺杂完全可逆，掺杂度受 pH 值和电位等因素影响，并表现为外观颜色的相应变化，聚苯胺也因此具有电化学活性和电致变色特性。

常用的聚苯胺合成方法有化学氧化合成与电化学合成。化学氧化合成法适宜大批量合成聚苯胺，易于进行工业化生产；电化学合成法适宜小批量合成特种性能聚苯胺，多用于科学研究。

化学氧化法通常是在酸性介质中，采用水溶性引发剂（氧化剂）引发单体发生氧化聚合。合成主要受反应介质、酸种类及浓度、氧化剂种类及浓度、苯胺单体浓度、反应温度和反应时间等的影响。所用的引发剂（氧化剂）主要有 $(NH_4)_2S_2O_8$、$K_2Cr_2O_7$、KIO_3、$FeCl_3$、H_2O_2、$Ce(SO_4)_2$、MnO_2 和过氧化苯甲酰等，其中 $(NH_4)_2S_2O_8$ 由于不含金属离子，氧化能力强，后处理方便，是最常用的氧化剂。也有用 $(NH_4)_2S_2O_8$ 和碳酸酯类过氧化物组成复合氧化剂。而以

Fe^{2+}为催化剂和H_2O_2为氧化剂可合成高溶解性的聚苯胺。

聚苯胺在酸性介质中合成时可能被掺杂。盐酸掺杂虽然可使聚苯胺获得较高的导电率，但由于 HCl 易挥发，容易发生去掺杂；而用H_2SO_4、$HClO_4$等非挥发性的质子酸掺杂时，在真空干燥下它们会残留在聚苯胺的表面，影响产品的质量。从应用的角度考虑，有机质子酸掺杂的聚苯胺具有更广阔的应用前景，十二烷基磺酸、十二烷基苯磺酸、樟脑磺酸、萘磺酸以及 2,4-二硝基萘酚-7-磺酸（NONSA）等作为酸性介质的同时又可作为掺杂剂，可获得功能质子酸掺杂的聚合物。这是提高掺杂态聚苯胺稳定性和溶解性的重要手段之一[6,7]。

电化学聚合是在电场作用下使电解液中的单体在惰性电极表面发生氧化聚合，其优点是能直接获得与电极基体结合力较强的高分子薄膜，并可通过电位控制聚合物的性质，也可直接进行原位电学或光学测定。在含苯胺的电解质溶液中，选择适当的电化学条件，使苯胺在阳极上发生氧化聚合反应，生成黏附或沉积于电极表面的聚苯胺薄膜或粉末。电化学法包括循环伏安法、恒电流法、恒电势法、脉冲电流法等。其中，循环伏安法制得的聚苯胺膜质地均匀、导电性良好、氧化还原可逆性优良、膜厚易控制以及膜与基体结合牢固，可获得自支撑膜，应用最为广泛。

聚苯胺的化学氧化聚合方法主要有溶液聚合、乳液聚合、微乳液聚合、模板聚合和酶催化法等。本实验采用溶液聚合法来合成纳米聚苯胺，并通过改变苯胺和氧化剂的混合方式、浓度、温度等条件来调控聚苯胺的形貌（见图 3-3）。另外，聚苯胺具有在载体（如容器壁，或在聚苯胺合成过程中投加载体）上生长的倾向，并形成纳米结构。

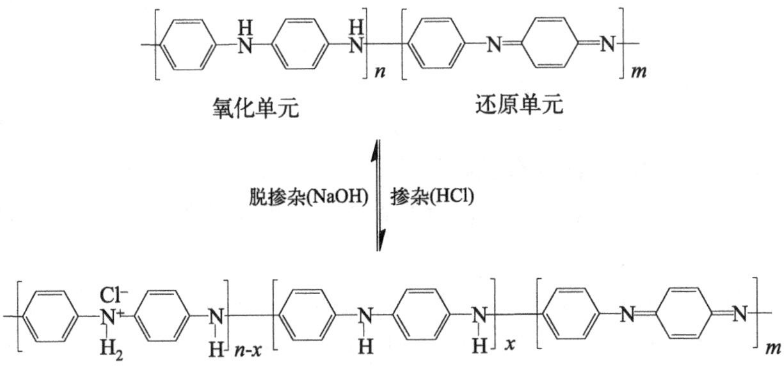

图 3-3　聚苯胺的合成方程式

三、实验试剂与仪器

试剂：36%盐酸、苯胺、过硫酸铵[$(NH_4)_2S_2O_8$]。

仪器：圆底烧瓶、冰水浴、恒压滴液漏斗、扫描电子显微镜、紫外光谱仪、四探针仪。

四、实验内容和方案

1. 溶液的配制

① 配制 200 mL 2.0 mol/L HCl 溶液。

② 配制溶液 A：在 2.0 mol/L HCl 溶液中加入苯胺，形成 200 mL 1 mol/L 苯胺/HCl 溶液。

③ 配制溶液 B：0.5 mol/L 过硫酸铵水溶液。

2. 聚苯胺的合成

① 逐滴加入法

a. 在搅拌下，将 40 mL 溶液 A 逐滴加入 40 mL 溶液 B 中；

b. 在搅拌下，将 40 mL 溶液 B 逐滴加到 40 mL 溶液 A 中。

② 迅速混合法

a. 将 40 mL 溶液 A 倒入 40 mL 溶液 B 中，并迅速搅拌均匀，静置反应；

b. 取 10 mL 溶液 A，稀释至原来浓度的十分之一；取 10 mL 溶液 B，也稀释到原来浓度的十分之一；分别取 40 mL 稀释后的溶液 A 和溶液 B，迅速混合并搅拌均匀后，静置反应；

c. 分别取 40 mL 稀释后的溶液 A 和溶液 B，置于冰水浴中冷却到 5 ℃以下，随后迅速混合并搅拌均匀，静置于冰水浴中反应。

3. 表征

将上述所得的产物纳米聚苯胺抽滤，洗涤 3 次，并滤干。

① 形貌表征：将聚苯胺分散在去离子水中形成悬浮液，用滴管加悬浮液滴在导电样品台（硅片或导电玻璃）上，烘干，用扫描电子显微镜观察纳米聚苯胺的形貌。

② 紫外光谱表征：将聚苯胺产品干燥，采用紫外光谱检测产物的纯度和大致的聚合度范围。

③ 电导率测试：将聚苯胺产品干燥，并将得到的粉末压片，采用四探针法测定聚苯胺的电导率。

五、注意事项

1. 仔细观察和记录实验现象，并分析其原因。

2. 上述实验方案中的溶液浓度、温度也可以自行改变。

3. 特别关注烧杯壁上的产物分别在酸性和碱性条件下的颜色，并分析其可能的原因。

六、思考题

1. 列举聚苯胺的 4～5 种应用。
2. 导电聚苯胺的导电机理是什么？它与金属导电机理有什么差别？
3. 列举 4～5 种其他的导电聚合物。

实验 21 高分子载体催化剂的制备及应用

一、实验目的

1. 了解高分子载体催化剂的概念，高分子载体与活性组分的匹配关系。
2. 掌握制备高分子载体催化剂的方法。
3. 掌握高分子载体催化剂的表征和反应活性的测定方法。

二、实验原理

高分子催化剂是功能高分子中的一个类型。功能高分子是具有某种功能的高分子，如反应性高分子、高分子络合物、离子交换树脂、氧化还原树脂、感光树脂、医药高分子、高分子表面活性剂以及高分子催化剂等。功能高分子是近年来得到飞速发展的一个十分重要的研究领域。

功能高分子中的活性基团，常常是以共价键的形式连在高分子链上。高分子催化剂中的固定化酶，就是将酶分子以共价键方式固定在高分子链上。使用这种催化剂的一个最明显的优点是催化剂与反应物及产物之间的分离很容易实现，催化剂不易受损失。把催化活性基团以共价键方式连接在高分子链上的材料称为高分子催化剂，因为催化活性基团已经成为高分子的一部分了。与此相对照，若以非共价键的形式将低分子催化剂固定在高分子材料上，则得到以高分子为载体的催化剂即高分子载体催化剂。

将低分子催化剂通过络合作用固定在聚合物上是一个最普遍制备高分子载体催化剂的方法，即首先在高分子链上引入有机膦基团，而后与催化剂络合。此外，也可以简单地通过苯乙烯聚合物苯环上的 π 轨道将金属催化剂固定下来。一个较早的例子是将苯乙烯-二乙烯基苯共聚物小球与无水三氯化铝在二硫化碳（CS_2）中一起搅拌一段时间。共聚物小球在 CS_2 中溶胀，$AlCl_3$ 与聚合物形成可以下式表示的络合物：

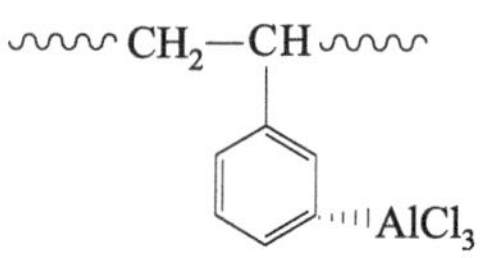

由于形成了络合物，聚合物小球产生颜色，而且随着 $AlCl_3$ 浓度的增加，小球的颜色加深。聚合物的红外光谱中产生新的吸收频带（1650 cm^{-1}），而且 $AlCl_3$ 的稳定性增大。此种催化剂暴露在大气中，一年后仍有催化活性。此外，以高分子为载体也为那些易燃和怕水的催化剂提供了一个有效的保护办法。

三、实验试剂与仪器

试剂：苯乙烯-二乙烯基苯共聚小球、无水 $AlCl_3$、丙酮、乙醚、正丁醇、丙酸、苯、碳酸钠、氯化钙、无水硫酸镁、二氯甲烷。

仪器：搅拌器、三口烧瓶、滴液漏斗、回流冷凝器、水浴、圆底烧瓶、分水器、漏斗、锥形瓶。

四、实验内容与方案

1. 载体催化剂的制备

在一个装有搅拌器、回流冷凝器和滴液漏斗的干燥的三口烧瓶中加入 15 g 苯乙烯-二乙烯基苯共聚白球、150 mL 二氯甲烷、7 g 无水 $AlCl_3$ 粉末。在热水浴中搅拌反应 45 min。反应混合物变为深红色，冷却。小心地从漏斗中加入 80 mL 水，搅拌以水解过量的 $AlCl_3$，颜色变为橘黄色至浅黄色。过滤，并依次用 80 mL 水、10 mL 丙酮、10 mL 乙醚和 10 mL 热的正丁醇将小球洗净，晾干或真空干燥备用。

2. 催化性能测定

在 150 mL 圆底烧瓶中加入 10 g $AlCl_3$-苯乙烯-二乙烯基苯共聚催化剂、7.5 g 丙酸、15 mL 正丁醇和 20 mL 苯及少量沸石，装上分水器，在分水器中加满苯。水浴加热，控制水浴温度为 95 ℃，待分水器中出现约 0.5 mL 水以后，停止反应。过滤反应混合物，回收催化剂小球。滤液用 5%的 Na_2CO_3 水溶液洗涤两次，再用饱和 $CaCl_2$ 水溶液洗涤三次，最后用无水 $MgSO_4$ 干燥。蒸馏，收集产物丙酸丁酯，称其质量。

五、注意事项

1. 所用苯乙烯-二乙烯基苯共聚小球的二乙烯基苯含量及小球颗粒度可根据商品选定，一般二乙烯基苯含量在 3%～7 %之间，粒度为 20～100 目。

2. 可以选用其他催化剂代替 $AlCl_3$，也可增大催化剂用量，以缩短反应时间。

六、思考题

1. 高分子载体催化剂有何优点？有何缺点？

2. 除本实验所用的 $AlCl_3$ 外，还有哪些常用催化剂可以负载在聚苯乙烯小球上？

实验 22 聚酰亚胺膜的制备与表征

一、实验目的

1. 掌握聚酰亚胺的合成方法及膜制备工艺。
2. 掌握红外光谱和差示扫描量热分析的工作原理。

二、实验原理

聚酰亚胺（polyimide，PI）作为一种特种工程材料，已广泛应用在航空航天、微电子、纳米、液晶、分离膜、激光等领域。近年来，各国都在将 PI 的研究、开发及利用列入 21 世纪最有希望的工程塑料研究热点之一。PI 因其在性能和合成方面的突出特点，不论是作为结构材料或是作为功能性材料，其巨大的应用前景已经得到充分的认识，被称为是“解决问题的能手”，并认为“没有 PI 就不会有今天的微电子技术”。

PI 薄膜可采用一步法和两步法来合成。一步法是指直接以 PI 溶液作为刮膜液；两步法是以聚酰胺酸（polyamic acid，PAA）为刮膜溶液，然后对其进行化学酰亚胺化或进行热酰亚胺化处理，转化为聚酰亚胺。与一步法相比，两步法具有溶剂毒性小，回收容易和成本较低等优点。本实验采用两步法，首先，将四羧酸二酐（二酐）与芳香二胺（二胺）进行开环缩聚，生成在极性溶剂中可溶的高分子量的 PAA；然后，采用热转化或化学转化的方法，将 PAA 酰亚胺化，脱水环化生成 PI。

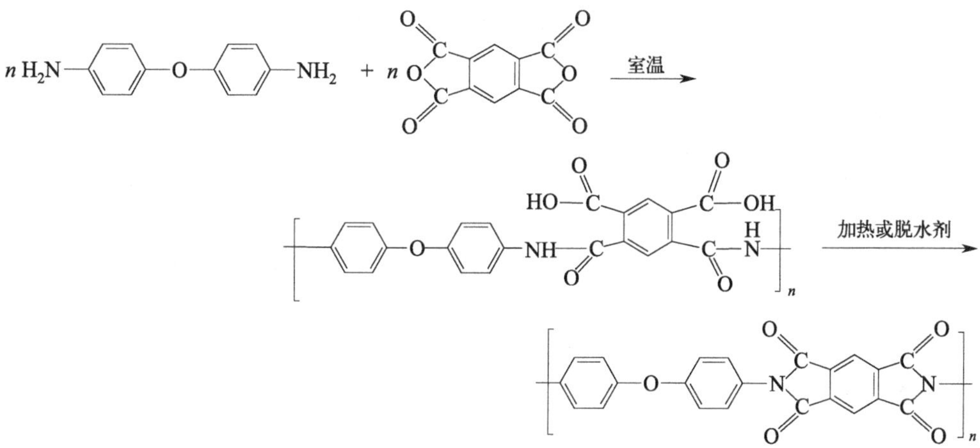

三、实验试剂与仪器

试剂：均苯四甲酸二酐（PMDA）、4,4′-二氨基二苯醚（ODA）、*N*,*N*-二甲基乙酰胺（DMAC）、*N*-甲基-2-吡咯烷酮（NMP），均为化学纯。

仪器：三口烧瓶、搅拌器、水浴、冰水浴、氮气钢瓶、乌氏黏度计、红外光谱仪、差示扫描量热仪。

四、实验内容与方案

1. PAA 的合成

室温下，在 150 mL 三口烧瓶中加入适量的 DMAC，通 N_2 保护，加入定量的 ODA，搅拌至完全溶解。按配料比分批将 PMDA 加入反应器中，控制反应温度，搅拌反应。在不同的时间取样，每次称取 0.15 g PAA 产物，溶解于 30 mL NMP 中，在 20 ℃下用乌氏黏度计测定其比浓黏度。

2. PI 膜的制备

将经过脱气处理后的 PAA 在水平的玻璃板上刮膜，将膜晾干后揭下，于真空烘箱中在 210 ℃处理 24 h，随后在 280 ℃处理 4 h，取出即可用于性能测试。PI 膜一般呈较深的橙黄色，厚度在 30～50 μm 之间。

3. 红外和差热分析

PAA 和亚胺化的固体薄膜样品的化学结构采用傅里叶变换红外光谱仪进行分析。在 PAA 的红外光谱中，PAA 分子中 O—H 键、N—H 键的伸缩振动受氢键的影响，在波数为 3100 cm^{-1} 以上的位置有宽吸收峰，而在 PI 的红外光谱中，该位置的吸收峰变得很小，甚至消失；1780 cm^{-1} 和 1730 cm^{-1} 处的吸收谱带大大增强，主要对应于酰亚胺环上羰基的伸缩振动；1370 cm^{-1} 处的吸收峰对应于 C—N 键的伸缩振动；1100 cm^{-1} 和 725 cm^{-1} 处的吸收谱带属于亚胺化的特征。PI 样品的玻璃化转变温度采用差示扫描量热仪，在升温速率为 10 ℃/min 的条件下测定。

五、注意事项

1. PI 膜的性能表征可以进行膜的水通量大小、膜的耐压密性能和通过渗透汽化过程测试膜对醇/水的分离选择性等测试。

2. 刮膜原液的黏度和刮膜的力度均对成膜的质量和厚度产生很大影响，可操作多次以找到合适的条件。

六、思考题

1. PI 膜主要应用在哪些膜分离过程中？

2. 在工业应用中 PI 膜常采用非均质的多孔材料为支撑体（本实验采用无孔玻璃），请问常用的支撑材料有哪些？

3. 与无机膜相比，PI 膜具有哪些优缺点？

实验 23 聚氨酯泡沫塑料的制备

一、实验目的

1. 了解泡沫塑料的概念和使用领域。
2. 掌握制备聚氨酯泡沫塑料的方法。

二、实验原理

泡沫塑料，即发泡聚合物，作为绝缘材料和包装材料等有着十分重要的用途。泡沫塑料有柔性、半刚性和刚性之分。刚性泡沫塑料的玻璃化温度比其使用温度高很多；而柔性泡沫塑料的玻璃化温度则比其使用温度低得多。根据泡沫塑料内气泡的形态，泡沫塑料分为开孔和闭孔两种。闭孔泡沫塑料内的气泡是一个个独自分立的，而开孔泡沫塑料内的气泡则是互相连通的。如果材料内兼有开孔与闭孔两种气泡，则称为混合孔型。当然，也可以按照泡沫塑料的原料，把它们称为聚苯乙烯泡沫塑料、聚氨酯泡沫塑料等。

表 3-1 列出了最重要的几种可以用作泡沫塑料的聚合物及其性质。

表 3-1 几种可以用作泡沫塑料的聚合物及其性质

聚合物	性质		
	机械法	物理法	化学法
酚醛树脂	刚性	刚性	刚性
三聚氰胺树脂	刚性	刚性	刚性
聚氨酯	—	刚性,柔性	刚性,柔性
聚苯乙烯	—	刚性	—
聚氯乙烯	—	刚性,柔性	刚性,柔性
聚乙烯醇缩甲醛	柔性	—	柔性
聚有机硅氧烷	—	—	刚性,柔性
聚乙烯	—	—	刚性,柔性
天然橡胶	—	刚性,柔性	刚性,柔性
天然乳胶	柔性	—	柔性

泡沫塑料的制备可以归纳为三种方法。第一种方法是机械发泡法，即使聚合物乳液或液体橡胶通过激烈的机械搅拌而成为发泡体，然后通过化学交联的方法使泡沫结构在聚合物中固定下来。第二种方法为物理发泡法，是先使气体或低沸点的液体溶入聚合物中（有时需加压力），而后加热使材料发泡。第三种方法是化学发泡法，是将发泡剂混合在聚合物或单体中，发泡剂受热分解而产生气泡，或者经过发

泡剂与聚合物或单体的化学反应而产生气泡。偶氮二异丁腈受热分解放出 N_2，碳酸氢铵受热产生 NH_3、CO_2 和 H_2O，是常用的化学发泡剂。在聚氨酯泡沫塑料的制备中，可以用水当发泡剂，水与异氰酸酯反应放出 CO_2 气体：

$$R—N{=}C{=}O + H_2O \longrightarrow R—NH_2 + CO_2\uparrow$$

本实验制备聚氨基甲酸酯泡沫塑料，与此有关的两个异氰酸酯的反应是：

(1)二异氰酸酯与二元醇(或多元醇)反应生成聚氨基甲酸酯

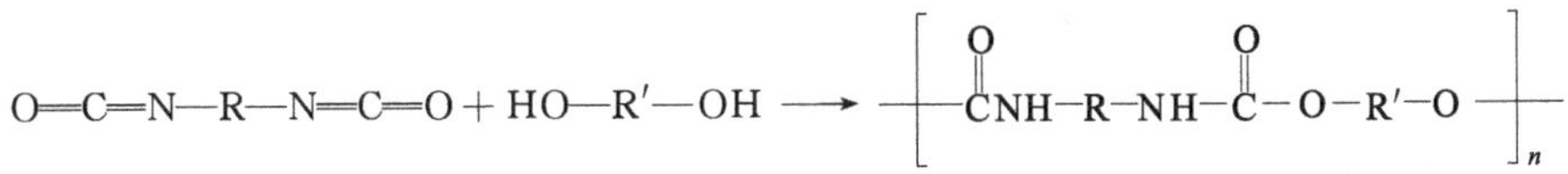

若用三羟基聚醚或蓖麻油则得到交联聚合物。蓖麻油的结构如下：

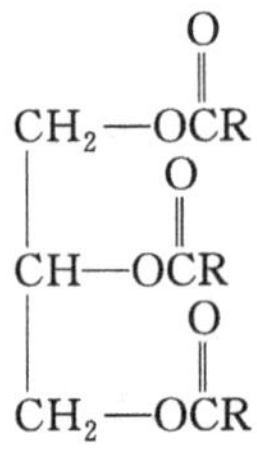

式中，

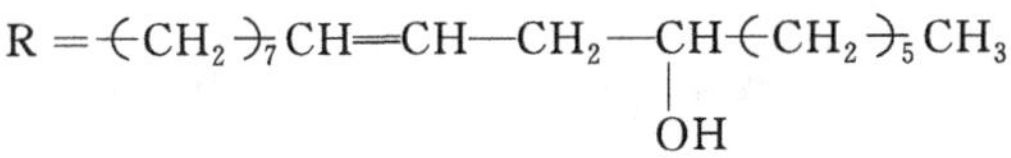

异氰酸酯和水反应放出 CO_2，使聚合物得以发泡。

(2)反应中产生的氨基可与体系中的异氰酸酯基反应生成脲

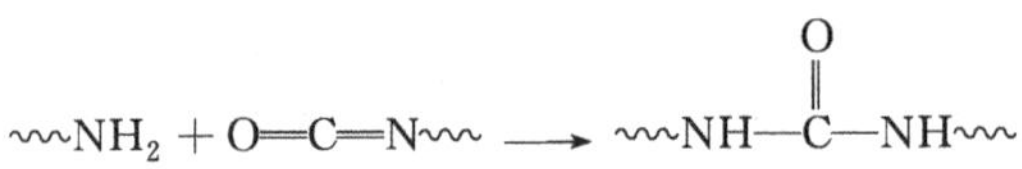

生成的脲还可以进一步与异氰酸酯基反应生成二脲等。

三、实验试剂与仪器

试剂：1,4-二氮杂二环[2.2.2]辛烷（DABCO）（或选用其他低挥发性三级胺代替）、一氟三氯甲烷、双十二碳酸二丁基锡、三羟基聚醚（分子量约 3000）或用其他多羟基聚醚代替、有机硅表面活性剂（为硅氧烷与环氧乙烷或环氧丙烷的嵌段共聚物）、蓖麻油、聚乙二醇（分子量 400～600）、甲苯二异氰酸酯（TDI）、三乙醇胺、甘油。

仪器：氮气钢瓶、烘箱、电热套、烧杯、三口烧瓶、锥形瓶、回流装置、自制纸质模具。

四、实验内容与方案

1. 实验 1

在 25 mL 烧杯中将 0.5 g DABCO 溶解在 8 mL 一氟三氯甲烷中，标记为 A 烧杯；在另一 250 mL 烧杯中依次加入 27 g 三羟基聚醚、21 g 甲苯二异氰酸酯和 1 滴双十二碳酸二丁基锡，标记为 B 烧杯。完成以上操作后，在 A 烧杯中加入约 0.3 g（约 13 小滴）有机硅表面活性剂；搅拌均匀后，将溶液倒入烧杯 B 中，用玻璃棒搅拌均匀，反应物变稠后，倒入容器中（或纸盒），可得到白色闭孔泡沫塑料一块。

2. 实验 2

在 25 mL 烧杯中将 0.1 g DABCO 溶解在 5 滴水和 10 g 三羟基聚醚中，标记为 C 烧杯。在另一 250 mL 烧杯中依次加入 25 g 三羟基聚醚、10 g 甲苯二异氰酸酯和一滴双十二碳酸二丁基锡，搅匀，标记为 D 烧杯，此时能感觉到反应有热量放出。完成以上操作后再往 C 烧杯加入 0.1～0.2 g（约 10 小滴）有机硅表面活性剂，搅拌均匀后，将此溶液倒入 D 烧杯中，并用玻璃棒或刮勺迅速搅拌。反应物变稠后将它倒入一预先做好的 50 mm×50 mm×50 mm 的纸盒中，在室温放置约 0.5h 后再放入约 70 ℃的烘箱中烘 0.5 h，可得到软的白色聚氨酯泡沫塑料一块。

3. 实验 3

往刚从烘箱中取出的干燥的 100 mL 三口烧瓶中加入 14 g 蓖麻油、5 g 聚乙二醇（分子量 400～600）。安装好冷凝管（上连干燥管）、搅拌器、氮气导管，并缓慢通入氮气（此步实验中所有仪器均应干燥好），在一干燥的锥形瓶中称入 18 g 甲苯二异氰酸酯，加入三口烧瓶中。反应进行时，温度升高，当温度开始下降时将三口烧瓶用电热套加热至 120 ℃并维持 1 h，冷却后得到预聚物。

室温下将预聚物倒入 400 mL 烧杯中，尽快地加入 0.6 g 三乙醇胺、3 g 甘油和 3 g 聚乙二醇（分子量 400～600）、0.2 g 水，并用钢刮勺剧烈搅拌约 30 s，随后可观察到材料的发泡过程。

五、注意事项

1. 可根据条件任选一种配方，但由蓖麻油制得的材料性能稍差。
2. 异氰酸酯有毒，使用时应多加小心。

六、思考题

简述泡沫塑料的种类及其制备方法。

第四章

创新实验

实验 24 聚丙烯腈的合成及超细纤维的制备

一、实验目的

1. 学习聚丙烯腈的合成方法。
2. 学习聚合物纤维的加工原理。
3. 了解聚合物纳米纤维的制备和应用。

二、实验原理

1. 聚丙烯腈的合成

聚丙烯腈（polyacrylonitrile，PAN）是一种分子链中含有强极性氰基（—C≡N）的高分子聚合物。PAN 具有高强度、高模量和优异的耐热性（软化点约 300 ℃）。PAN 不溶于常见有机溶剂（如乙醇、丙酮），仅溶于 *N*,*N*-二甲基甲酰胺（DMF）、二甲亚砜（DMSO）等特殊溶剂中，具有突出的耐化学腐蚀性和耐候性（抗紫外线、抗氧化）。PAN 是制造碳纤维的核心前驱体（占全球碳纤维原料的 90%以上），也可通过改性制成腈纶纤维（仿羊毛特性，用于纺织品），或用于制备工业滤布、离子交换材料等。

自由基聚合是工业上合成聚丙烯腈的常用方法，其中溶液聚合、悬浮聚合和乳液聚合较为常见。

（1）聚合反应

在选定的溶剂中加入丙烯腈单体和引发剂，然后在特定的温度（通常为 50～80 ℃）下进行聚合反应。引发剂分解产生的自由基会引发丙烯腈单体发生链式聚合反应。首先，自由基与丙烯腈单体发生加成反应，形成链自由基，然后链自由基不断与其他丙烯腈单体反应，使聚合物链不断增长。

（2）反应的终止

当聚合反应达到预期的程度后，需要加入终止剂（如对苯二酚等）来终止反应。终止剂能够与链自由基反应，使其失去活性，从而停止聚合反应的继续进行。

(3) 后处理

先通过蒸馏或闪蒸等方法从反应溶液中脱除溶剂，回收的溶剂可重复使用，得到聚丙烯腈固体。接着用去离子水洗涤固体以除去杂质，最后干燥，获得纯净的聚丙烯腈产品

聚丙烯腈的合成机理如下：

① 链引发

$$R\cdot + H_2C{=}CH{-}CN \longrightarrow R{-}CH_2{-}\dot{C}H{-}CN$$

② 链增长

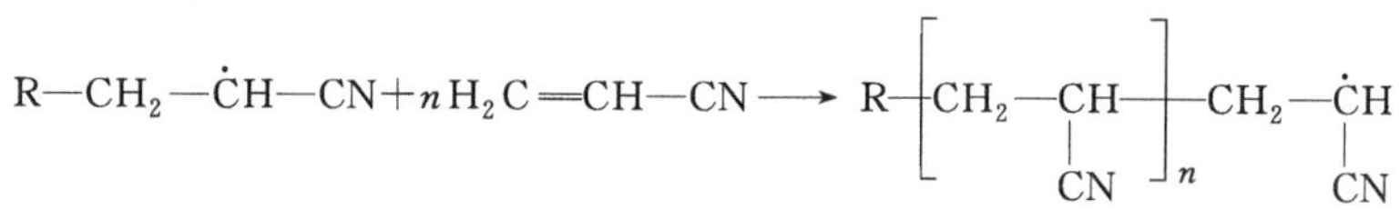

③ 链终止

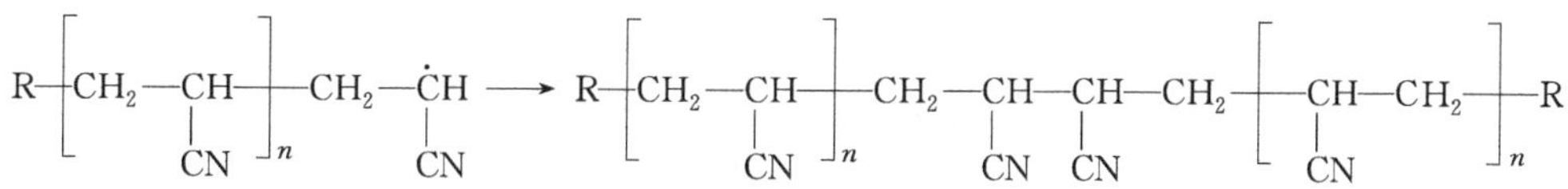

2. 静电纺丝过程

静电纺丝法是聚合物溶液或熔体借助静电力作用进行喷射拉丝而获得纤维的一种方法。该方法涉及高分子科学、应用物理学、流体力学、电工学、机械工程、化学工程、材料工程和流变学。通过这种方法制备的超细纤维的直径范围在几纳米～几微米之间，比传统纺织纤维的直径要小 1～2 个数量级。这种小直径可提供大的比表面积，范围在 10(当直径均为 500 nm 时)～1000 m^2/g（当直径为 50 nm 时)。

在经典的静电纺丝实验中，聚合物溶液或熔体（统称流体）悬垂液滴由表面张力将其维持在喷丝头的末端。当喷丝头与接地收集器间的静电场强度增加时，流体中的离子在静电场作用下运动，而使流体表面带电。悬垂流体液滴在静电场的作用下被拉伸。当流体表面聚集的静电力足以克服液滴的表面张力和黏力时，液滴喷射产生射流，形成泰勒（Taylor）锥。射流在从电场的一极向另一极的高速运动过程中，溶剂迅速挥发（或熔体冷却）而固化，最终以超细纤维形式沉积在电场的另一极（见图 4-1)。

3. 静电纺丝技术的应用

随着纳米技术的发展，静电纺丝作为一种简便有效的可生产纳米纤维的新型加工技术，将在生物医用材料、过滤及防护、催化、能源、光电、食品工程、化妆品等领域发挥巨大的作用。

① 在生物医学领域，纳米纤维的直径小于细胞，可以模拟天然的细胞外基质的结构和生物功能。人的大多数组织、器官在形式和结构上与纳米纤维类似，这为纳米纤维用于组织和器官的修复提供了可能。一些用于静电纺丝的原料具有很好的

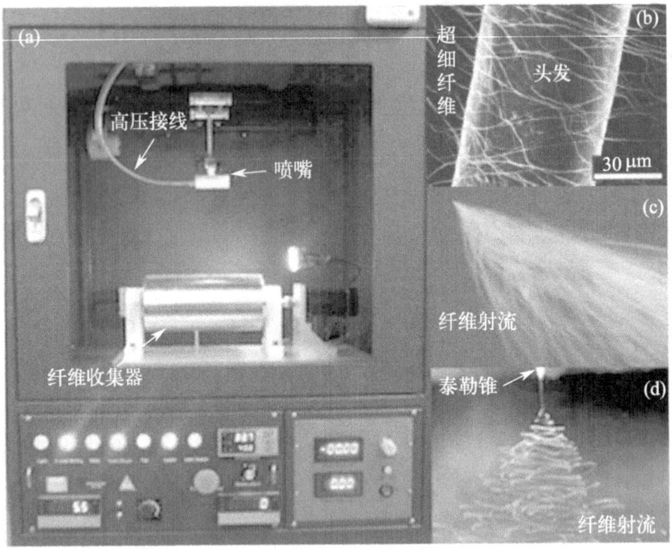

图 4-1 静电纺丝机及静电纺丝纤维性能展示

(a) 静电纺丝机实物图；(b) 电纺纤维与头发的直径对比图；

(c) 肉眼可见的静电纺丝纤维射流图；(d) 高速摄像机拍摄的静电纺丝纤维射流图

生物相容性及可降解性，可作为载体进入人体，并容易被吸收。加之静电纺丝纳米纤维还有大的比表面积、高的孔隙率等优良特性，因此，其在生物医学领域引起了研究者的持续关注，并已在药物控释、创伤修复、生物组织工程等方面得到了很好的应用。

② 纤维过滤材料的过滤效率会随着纤维直径的降低而提高，因而，降低纤维直径成为提高纤维滤材过滤性能的一种有效方法。静电纺丝纤维除直径小之外，还具有孔径小、孔隙率高、纤维均匀性好等优点，使其在气体过滤、液体过滤及个体防护等领域表现出巨大的应用潜力。

③ 静电纺丝纤维能够有效调控纤维的精细结构，结合低表面能的物质，可获得具有超疏水性能的材料，并有望应用于船舶的外壳、输油管道的内壁、高层玻璃、汽车玻璃等。但是静电纺丝纤维材料若要实现在上述自清洁领域的应用，必须提高其强度、耐磨性以及纤维膜材料与基体材料的结合牢度等。

④ 具有纳米结构的催化剂颗粒容易团聚，从而影响其分散性和利用率，因此静电纺丝纤维材料可作为模板而起到均匀分散作用，同时也可发挥聚合物载体的柔韧性和易操作性，还可以利用催化材料和聚合物微纳米尺寸的表面复合产生较强的协同效应，提高催化效能。

⑤ 静电纺丝纳米纤维具有较高的比表面积和孔隙率，可增大传感材料与被检测物的作用区域，有望大幅度提高传感器性能。此外，静电纺丝纳米纤维还可用于能源、光电、食品工程等领域。

三、实验试剂与仪器

试剂：丙烯腈（99.0%）、2%过硫酸钾（$K_2S_2O_8$）溶液、浓硫酸、10%硫代硫酸钠（$Na_2S_2O_3$）溶液、N,N-二甲基甲酰胺（DMF，99.0%）、去离子水等。

仪器：静电纺丝机、三口烧瓶、烧杯、注射器、机械搅拌器、纤维接收框、光学显微镜、集热式磁力搅拌锅。

四、实验内容与方案

1. 制备 PAN

在三口烧瓶中加入去离子水 125 mL，然后加入丙烯腈 12.5 mL，搅拌并观察其溶解情况。依次将浓硫酸 15～25 滴、2% $K_2S_2O_8$ 溶液 25mL 和 10% $Na_2S_2O_3$ 溶液 5 mL 加入烧瓶中，并继续搅拌，溶液出现乳白色，表明反应已经开始。反应温度持续上升，约到 40 ℃时用集热式磁力搅拌锅加热，在 60 ℃反应约 0.5h，最后过滤，分离出 PAN 的膏状物质，洗涤、过滤，放在表面皿中烘干，称重，算出产率。

2. 聚合物溶液的配制

将 PAN 溶解在 DMF 溶液中，控制浓度为 10%～15%。

3. 静电纺丝

(1) 将配制好的纺丝溶液加入注射器，排除气泡，安装喷丝针尖，并固定在注射台上。将高压正极夹在喷丝针尖上，负极夹在接收器上。为纺丝注射器施加适当压力，直至有溶液从喷丝针尖端被挤出。

(2) 在打开直流高压电源发生器前，先确认电压调节旋钮在零位置；打开电源开关，打开高压输出按钮，高压使用电压在 50 kV 以下；缓慢旋转电压开关调节旋钮至所需电压。

(3) 打开接地负极电源装置。

(4) 纺丝完毕后，先关闭注射器压力装置，等不再有射流从喷丝针尖喷出后，再关闭直流高压电源发生器。

(5) 关闭直流高压电源发生器时，先逆时针旋转调压旋钮至零位，再关闭电源，然后用接地线对高压输出端放电，放掉残余电量，避免人员受残余电压电击。

(6) 最后关闭旋转接收器电源。

4. 静电纺丝纤维的形貌观察

(1) 用尖嘴钳夹取一个静电纺丝纤维接收框，放置在喷丝针尖和接收器之间，接取静电纺丝纤维。

(2) 将接取到纤维的接收框放置在光学显微镜下，观察纤维形貌。

五、注意事项

1. 纺丝过程中切勿靠近或接触喷丝针尖，如果要对喷丝针尖或者其接触的位置进行处理或操作，必须用绝缘棒接触，或关闭直流高压电源发生器后再进行操作。

2. 接取纤维过程中，切勿将接取框触碰到喷丝针尖或接收装置上。

六、思考题

1. 什么是静电纺丝？静电纺丝的牵伸力是什么？
2. 在什么情况下，用肉眼才能看到纤维射流？其原理是什么？
3. 超细纤维的形貌可以用哪些仪器来观察？
4. 结合实验结果讨论影响静电纺丝纤维形态的因素有哪些？

实验 25 紫外引发聚合联合原位氧化聚合制备水凝胶

一、实验目的

1. 了解软体驱动水凝胶材料的概念和使用领域。

2. 掌握紫外引发聚合和原位氧化聚合两种聚合方法联合使用，制备具有光热响应特性的软体驱动水凝胶。

二、实验原理

在凝胶主体合成中，*N*-异丙基丙烯酰胺（NIPAM）为单体，2-羟基-4′-(2-羟乙氧基)-2-甲基苯丙酮（光引发剂 2959）为引发剂，少量 *N*,*N*′-亚甲基双丙烯酰胺（MBA）为交联剂。将上述试剂用去离子水溶解，向溶液中通入氮气，于波长为 365 nm，功率密度为 2 W/cm^2 的紫外光照射下发生聚合反应，合成 PNIPAM 水凝胶[8]（如图 4-2 所示）。

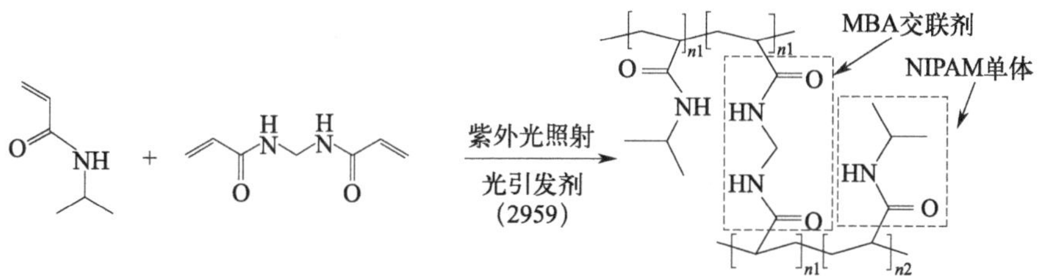

图 4-2 PNIPAM 合成示意图

由于 PNIPAM 组成的聚合物网络中既有亲水基团酰胺基，又有疏水基团异丙基，所以 PNIPAM 水凝胶可以表现出亲水性与疏水性。如图 4-3 所示，当温度低于其最低共溶温度（LCST）时，低温有利于水分子与酰胺基之间氢键的形成，凝胶体现亲水性，水会保持在材料内部，从而撑起材料结构，因此宏观来看 PNIPAM 水凝胶能够在低温下呈现出吸水溶胀、体积增大的现象。当温度高于 LCST 时，高温不利于氢键的形成，此时水分子和酰胺基之间的氢键逐渐被破坏，疏水基团异丙基使凝胶体现疏水性，材料内的水会脱离材料，因此 PNIPAM 水凝胶在高温条件下呈现排水收缩、体积减小的现象。

聚苯胺（PANI）的化学合成一般在酸性水溶液中进行，利用氧化剂（本实验用过硫酸铵 APS）引发苯胺的氧化聚合。酸是影响苯胺氧化聚合的重要因素，它主要起两方面作用：提供反应介质所需要的 pH 值；以掺杂剂的形式进入聚苯胺骨架，赋予其一定的导电性能。具体反应机理如图 4-4 所示。

以 NIPAM 为单体，光引发剂 2959 为引发剂，少量 MBA 为交联剂制备得到 PNIPAM 水凝胶。PNIPAM 水凝胶经干燥后浸泡于苯胺溶液中，再向其中加入过硫酸铵溶液，从而使苯胺在 PNIPAM 凝胶内部发生聚合，得到在 PNIPAM 内部掺

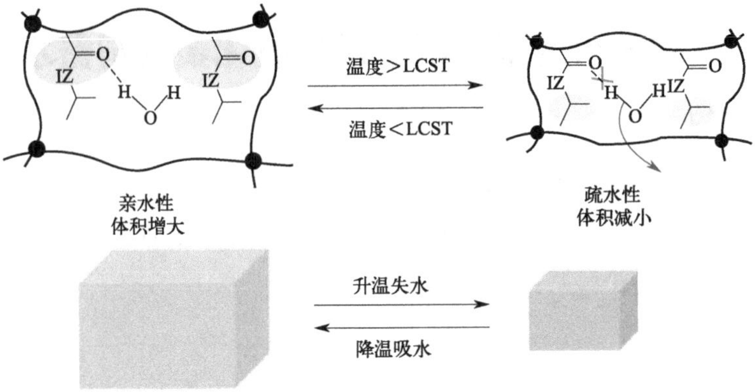

图 4-3 PNIPAM 热响应示意图

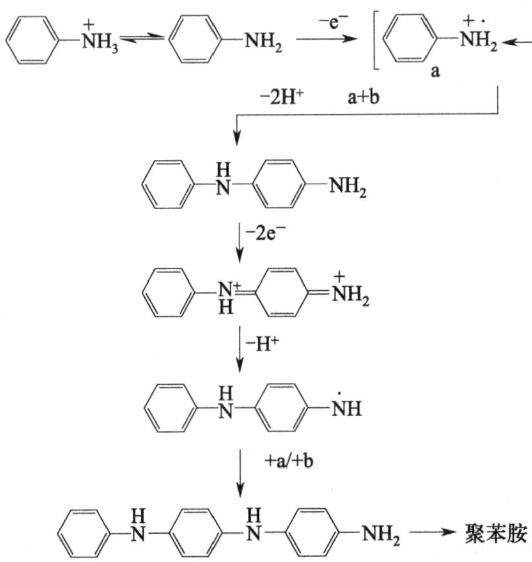

图 4-4 PANI 合成机理示意图

杂 PANI 的复合水凝胶。

由于 PANI 具有光热性能，在近红外光照射下凝胶内的 PANI 会产生热量，当凝胶温度高于凝胶的 LCST 时，凝胶会表现疏水性，凝胶内部水分从材料内脱离，凝胶收缩产生形变，如图 4-5 所示。故制备得到的复合水凝胶在吸水后会在近红外光的照射下发生形变，拥有光热驱动性能。

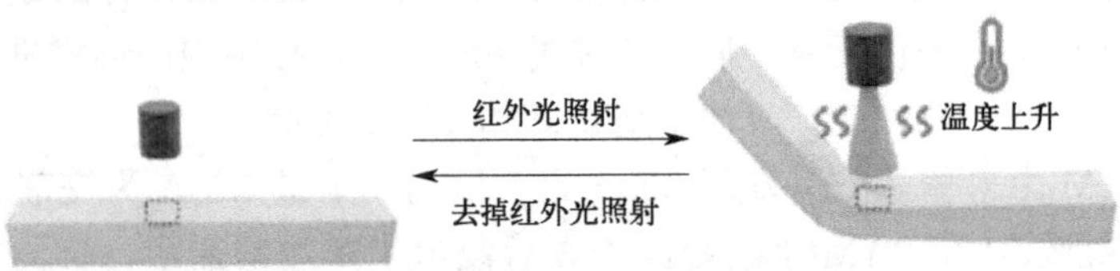

图 4-5 PNIPAM-PANI 光热响应示意图

三、实验试剂与仪器

试剂：过硫酸铵（APS，分析纯，98.0%）、苯胺（ANI，分析纯，≥99.5%）、*N*,*N′*-亚甲基双丙烯酰胺（MBA，分析纯，99%）、*N*-异丙基丙烯酰胺（NIPAM，分析纯，98.0%）、2-羟基-4′-(2-羟乙氧基)-2-甲基苯丙酮（光引发剂2959，分析纯，99.0%）。

仪器：紫外-可见光谱仪、真空干燥箱、傅里叶变换红外光谱仪、电子显微镜（SEM）、电子天平、近红外激光发射器（波长808 nm，功率密度0～3 W/cm^2）、高压氮气瓶、双排管（定制）、超声波清洗机、防爆冰箱（4 ℃）、移液器。

四、实验内容与方案

1. 用电子天平分别称量226 mg NIPAM、2 mg光引发剂2959、2 mg MBA，并依次转移到具塞试管中，加入1 mL去离子水，在室温下剧烈搅拌（或超声）使固体溶解，生成澄清透明的溶液。

2. 向含有NIPAM单体的溶液中通入氮气，鼓泡15 min，以去除溶液中的空气（主要目的是除去瓶中和溶液中的氧气，降低氧气对自由基聚合的阻聚作用）。

3. 将含有NIPAM单体的水溶液注入硅橡胶和石英片组成的片状模具中，并用波长为365 nm、功率密度为2 W/cm^{2}的紫外光照射30 min，引发单体的聚合和交联，形成膜状的水凝胶样品。

4. 将获得的凝胶样品从模具中取出，并交替置于室温和高温去离子水中，循环若干次，利用凝胶自身的温度响应性除去凝胶内未反应的单体、引发剂和交联剂。将洗净后的凝胶样品置于真空干燥箱中除水30 min，获得干燥多孔的凝胶膜（方便苯胺进入并进行聚合）。

五、注意事项

1. 深入了解聚合物基软体驱动材料的工作原理及设计思路。
2. 了解样品加料比例和顺序，正确处理加料中出现的问题。
3. 观察实验现象并做好记录。

六、思考题

1. 分析软体驱动材料成为高分子科学研究前沿热点的原因。
2. 设计紫外引发聚合与原位氧化聚合的联合制备策略。

实验 26 苯乙烯的原子转移自由基聚合

一、实验目的

1. 了解原子转移自由基聚合的概念和使用领域。
2. 掌握苯乙烯的原子转移自由基聚合的方法。

二、实验原理

传统自由基聚合引发速率慢，链增长速率极快，自由基一经形成就会迅速与单体分子加成完成链增长反应。这一过程中存在大量高反应活性的链增长自由基（约 10^{-5} mol/L），极易发生不可逆的链终止和链转移反应，使得目标聚合物分子量分布较宽，且可能产生支化、交联等现象[9]。

为了实现对聚合反应的控制，需要从自由基聚合反应动力学角度进行分析。在自由基聚合中，链增长反应和链终止反应的速率方程分别为 $R_p = k_p[P\cdot][M]$ 及 $R_t = k_t[P\cdot]^2$，即链增长和链终止反应对增长链自由基浓度分别是一级反应和二级反应，链终止反应对于增长链自由基浓度的依赖性显著高于链增长反应。因此通过降低增长链自由基浓度至较低值（约 10^{-8} mol/L），即可实现 $R_p \gg R_t$，从而不仅维持了一定的链增长反应速率（聚合速率），也将链终止反应速率降低至可以忽略不计的程度。

原子转移自由基聚合（ATRP）使用烷基卤化物（R—X）作为引发剂，提供R端自由基供聚合物链生长；同时利用过渡金属配合物（金属存在两个易得的氧化价态，通常为 Cu）为卤原子 X 的载体，卤原子 X 先从烷基卤化物转移到高氧化价态的过渡金属配合物，再从高氧化价态的过渡金属配合物转移至自由基上。ATRP 通过这一可逆的氧化还原反应，实现了增长链自由基和休眠自由基之间的快速平衡，进而降低增长链自由基浓度至合适的值，避免了不可逆的链终止和链转移反应，而每一条高分子链又具有相同的链增长概率，从而实现了对聚合反应的控制。

ATRP 链引发：

$$
\begin{array}{ccc}
\mathrm{R{-}X} + \mathrm{Cu^{I}L}_n & \rightleftharpoons & \mathrm{R\cdot} + \mathrm{X{-}Cu^{II}L}_n \\
 & & \downarrow \mathrm{M} \\
\mathrm{RM{-}X} + \mathrm{Cu^{I}L}_n & \rightleftharpoons & \mathrm{RM\cdot} + \mathrm{X{-}Cu^{II}L}_n
\end{array}
$$

ATRP 链增长：

$$
\begin{array}{ccc}
P_n-X + Cu^{I}L_n & \rightleftharpoons & P_n\cdot + X-Cu^{II}L_n \\
 & & \downarrow M \\
P_{n+1}-X + Cu^{I}L_n & \rightleftharpoons & P_{n+1}\cdot + X-Cu^{II}L_n
\end{array}
$$

其中，P_n、P_{n+1} 分别为单体 n、$n+1$ 的聚体，L_n 中 L 为配体，n 为配体数。

三、实验试剂与仪器

试剂：苯乙烯（98.0%）、溴化亚铜（98.0%）、五甲基二亚乙基三胺（98.0%）、2-溴丁酸乙酯（98.0%）、苯甲醚（98.0%）、醋酸（99.0%）、碱性氧化铝（100～200 目）、中性氧化铝（100～200 目）。

仪器：磁力搅拌器、凝胶渗透色谱仪、循环水真空泵、真空干燥箱、三口烧瓶、搅拌磁子、橡皮塞（2 个 14#，1 个 19#）、注射器（2 mL、10 mL）、简易氮气导入装置（1 mL 注射器以及长针头）、量筒（5 mL）、烧杯（250 mL）、移液枪（100 μL）及枪头、药匙、锥形瓶（10 mL）、塑料滴管、0.22 μm 聚醚砜有机相滤膜、布氏漏斗、抽滤瓶。

四、实验内容与方案

1. 简易柱色谱纯化苯乙烯单体

取 10 mL 注射器，利用长针头在注射器底部塞入并压紧少量棉花，向注射器中加入碱性氧化铝至 5 mL 刻度附近，即得到一根简易的碱性氧化铝柱 [图 4-6(a)]。将 30 mL 的苯乙烯分批次加入碱性氧化铝柱中，过滤即可除去单体中的酚类阻聚剂 [图 4-6(b)]。收集纯化后的苯乙烯单体，观察色谱柱顶层的颜色变化并分析原因 [图 4-6(c)]。

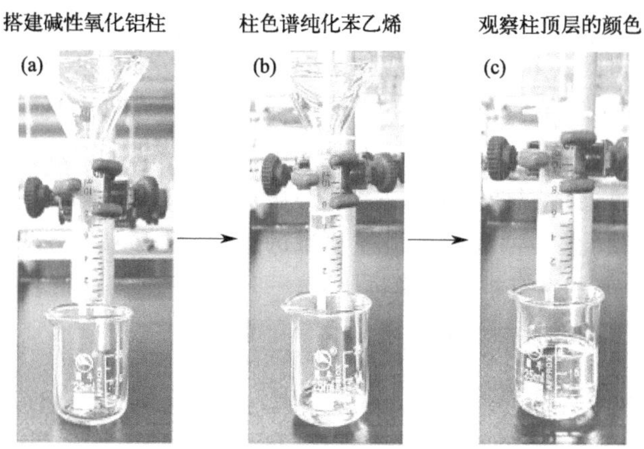

图 4-6 简易柱色谱纯化苯乙烯单体

2. 纯化溴化亚铜

将溴化亚铜浸泡于50%醋酸水溶液中，搅拌后静置，弃去上层清液。重复该操作2～3次直至上层液体变为无色，抽滤得到白色固体，经丙酮洗涤2～3次，在50 ℃下真空干燥至恒重后保存。

3. 聚合前除氧

在100 mL三口烧瓶中放入搅拌磁子，根据实验设计加入配体五甲基二亚乙基三胺（90 μL，0.076 g，0.436 mmol）、引发剂2-溴丁酸乙酯（32 μL，0.043 g，0.221 mmol）、单体苯乙烯（5 mL，43.6 mmol）、催化剂溴化亚铜（20 mg，0.139 mmol）和溶剂苯甲醚（5 mL）。在三口烧瓶上安装翻口橡皮塞，再插入氮气导入装置（针头处于液面下）并建立氮气通路［图4-7(a)］，用高纯氮气鼓泡30 min以除去反应体系中存在的氧气。

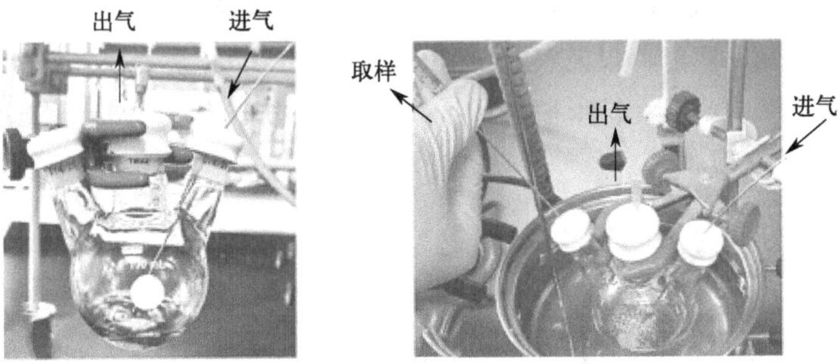

(a) 建立氮气通路　　(b) 聚合中取样

图4-7 聚合前除氧及聚合过程中取样的操作

4. ATRP制聚苯乙烯

撤除通氮气装置，用真空硅脂密封通气针眼。将反应瓶置于110 ℃恒温油浴中进行聚合反应，观察体系的颜色及黏度变化。

5. 取样分析

在聚合反应进行1 h后，从反应体系中取样进行分析。取样过程中重新搭建氮气通路［图4-7(b)］，在氮气保护下用注射器及长针头从聚合体系中取约0.5 mL样品，完成后撤除氮气装置并用真空硅脂密封针孔。将取出的样品用5 mL苯甲醚稀释，经简易中性氧化铝柱过滤除去铜盐（操作与单体纯化步骤一致，仅将碱性氧化铝替换为中性氧化铝），观察色谱柱顶层的颜色变化并判断铜盐是否去除干净；滤液经0.22 μm聚醚砜有机相滤膜过滤后，即可用于凝胶渗透色谱（GPC）分析，测试聚合1 h后得到的样品的分子量以及分子量分布。

五、注意事项

1. 氧气和阻聚剂的存在都会影响聚合反应的顺利进行，因此实施ATRP对实验条件有严格的要求。

2. 了解样品加料比例和顺序，正确处理加料中出现的问题。
3. 观察实验现象并做好记录。

六、思考题

1. 比较 ATRP 与传统自由基聚合的差异。
2. 绘制聚合物分子量及其分布与反应时间的关系曲线。

实验 27 光敏聚酰亚胺光刻胶的制备

一、实验目的

1. 了解光刻胶材料和聚酰亚胺的概念和使用领域。
2. 掌握制备光敏聚酰亚胺光刻胶的方法。

二、实验原理

光敏聚酰亚胺是指一类可发生光化学反应的聚酰亚胺。如果光敏聚酰亚胺作为光刻胶，这种光化学反应所引起的物理变化是在显影液中溶解度的改变，在显影液中变为可溶或不可溶[10]。

光敏聚酰亚胺光刻胶与普通光刻胶之间最显著的区别是，光敏聚酰亚胺光刻胶在光刻形成图案后，留存在特定区域形成器件所需的介电绝缘层，而普通光刻胶在将其图案转移到底层材料后会被去除。光敏聚酰亚胺光刻胶的发展充分借鉴了普通光刻胶的光化学反应理论以及所开发的多种光敏结构和光刻工艺（见图 4-8）。光敏聚酰亚胺光刻胶是一种组合体系，不仅包括聚酰亚胺树脂（光敏或非光敏），也包括所添加的光敏剂、增感剂、光引发剂、催化剂以及其他添加剂。

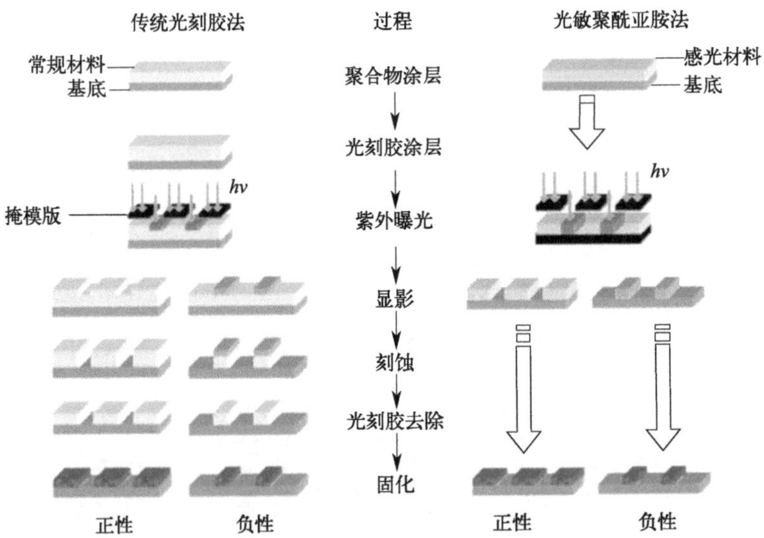

图 4-8 两种光刻图案制作过程：传统光刻胶法和光敏聚酰亚胺法

制备光敏性可溶性阻滞聚酰亚胺（BCOO-PI）的反应原理如下：

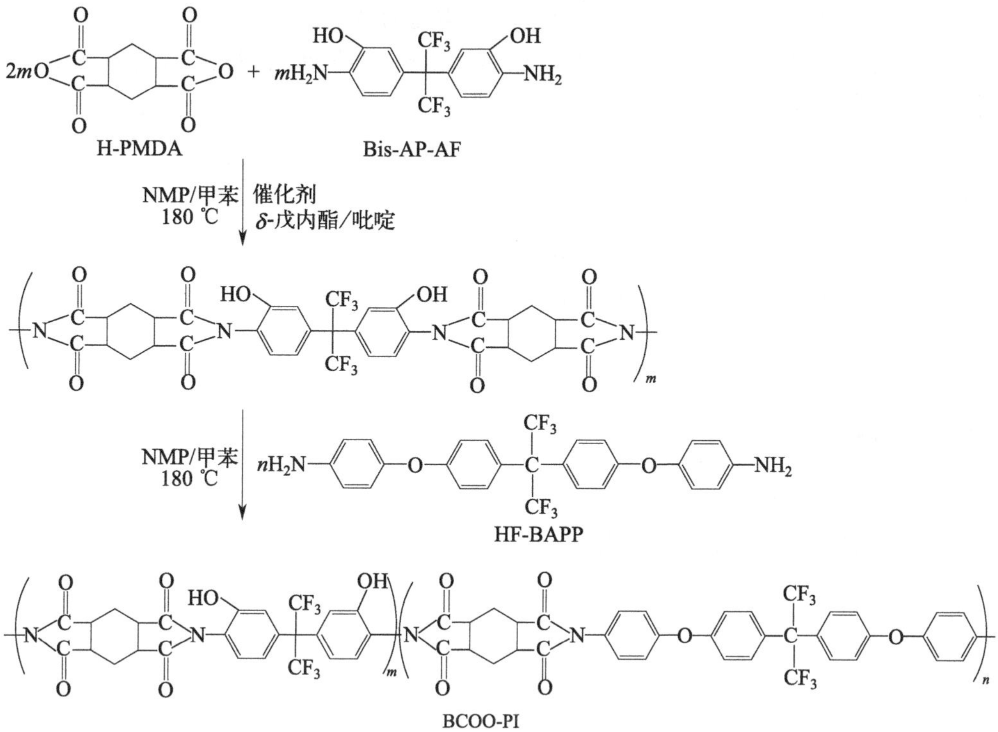

三、实验试剂与仪器

试剂：2,2-双(3-氨基-4-羟基苯基)六氟丙烷（Bis-AP-AF，98.0%）、2,2-双[4-(4-氨基苯氧基)苯基]六氟丙烷（HF-BAPP，98.0%）、1,2,4,5-环己烷四甲酸二酐（H-PMDA，98.0%）、2,3,4-三羟基二苯甲酮（3HBP，98.0%）、*N*-甲基吡咯烷酮（NMP，99.0%）、吡啶（99.0%）、δ-戊内酯（99.0%）、γ-亚麻酸、甲苯（99.0%）。

仪器：机械搅拌器、四口烧瓶、分水器、加热磁力搅拌器。

四、实验内容与方案

1. 在由γ-亚麻酸和吡啶组成的二元酸催化剂的存在下，由H-PMDA、HF-BAPP和Bis-AP-AF的一锅缩聚反应制备可溶性阻滞聚酰亚胺。27.14 g H-PMDA和21.98 g Bis-AP-AF放置在连接分水器、氮气和机械搅拌器的一个500 mL四口烧瓶中。

2. 将混合物溶解在178 g NMP和30 g甲苯中，并在溶液中加入吡啶（1.89 g）和δ-戊内酯（1.20 g）。当将氮气引入烧瓶时，溶液在180 ℃下搅拌加热1 h。

3. 将均相低聚酰亚胺的溶液冷却至80 ℃左右，加入31.11 g HF-BAPP和

50 g NMP，室温下持续搅拌 1 h，直到变成均匀的溶液。

4. 在氮气作用下加热至 180 ℃，保温 2.5 h。固体浓度保持在 25%(质量分数)，所得产物可用作光敏聚合物基体。

五、注意事项

1. 掌握光敏聚酰亚胺的合成方法。
2. 实验过程中注意反应时间和温度的控制。
3. 观察实验现象并做好记录。

六、思考题

1. 什么是光敏聚酰亚胺?
2. 光敏聚酰亚胺光刻胶的优势是什么?

实验28 聚(碳酸酯-醚)/乙基纤维素超分子复合物的制备

一、实验目的

1. 了解聚(碳酸酯-醚)/乙基纤维素超分子复合物的概念和使用领域。
2. 掌握制备聚(碳酸酯-醚)/乙基纤维素超分子复合物的方法。

二、实验原理

胶黏剂在现代生活和生产中应用广泛，具有可生物降解、可再生、可逆粘接性能的胶黏剂是该领域的研究热点。

胶黏剂通过物理与化学作用将同种或不同种材料连接在一起，具有牢固、高效、便捷、节能、经济等优点，在包装、建筑、制鞋、纺织、汽车、电子电器等工业生产和日常生活中发挥着不可替代的作用。随着超分子化学的快速发展，基于氢键、主客体、静电等非共价相互作用的超分子胶黏剂应运而生。超分子胶黏剂在热、光、电等外界刺激作用下具有动态可逆的粘接性能，能够满足柔性电子、软体机器人等新兴应用领域的发展需求。例如，超分子胶黏剂可通过动态的粘接和脱粘过程实现机械臂按需抓取和释放物体，而超分子胶黏剂粘接而成的机器人可响应外界刺激，在墙壁上爬行和停留。在智能打印系统中，可逆胶黏剂可将微纳尺寸的材料转移到任意基底上高效制备半导体器件。

聚碳酸亚丙酯（PPC）是由温室气体 CO_2 作为廉价、可再生的原料与环氧丙烷（PO）进行开环共聚反应合成的一类具有良好可生物降解性能的脂肪族聚碳酸酯。分子量较小、端基为羟基的线型聚碳酸亚丙酯一般称为聚(碳酸酯-醚)二元醇。由于在共聚反应链增长过程中，PO 既能与 CO_2 进行交替共聚反应，又能进行均聚反应，PPC 主链结构中同时含聚碳酸酯“硬段”和聚醚“软段”。通过合理选择催化剂种类、优化聚合反应条件能够精准控制“硬段”和“软段”的比例，进而精准调控 PPC 的力学、热学和降解性能[11]。

乙基纤维素（EC）是多羟基纤维素醚类衍生物，除了保留纤维素无毒、可再生、成本低、力学强度高和热稳定性好的特点外，还具有良好的溶解性，广泛应用于塑料、柔性电子、能源和食品包装等领域。通过 2-脲基-4[1*H*]-嘧啶酮异氰酸酯（UPy-NCO）与羟基的高效反应在 EC 侧链引入 UPy 基团，合成了 UPy 官能化的乙基纤维素（UEC），通过与 UPy 封端的聚(碳酸酯-醚) 超分子聚合物（UPPC）共混制备了 UPPC/UEC 超分子复合物（见图 4-9）。

三、实验试剂与仪器

试剂：2-脲基-4[1*H*]-嘧啶酮异氰酸酯(UPy-NCO)、聚(碳酸酯-醚)二元醇

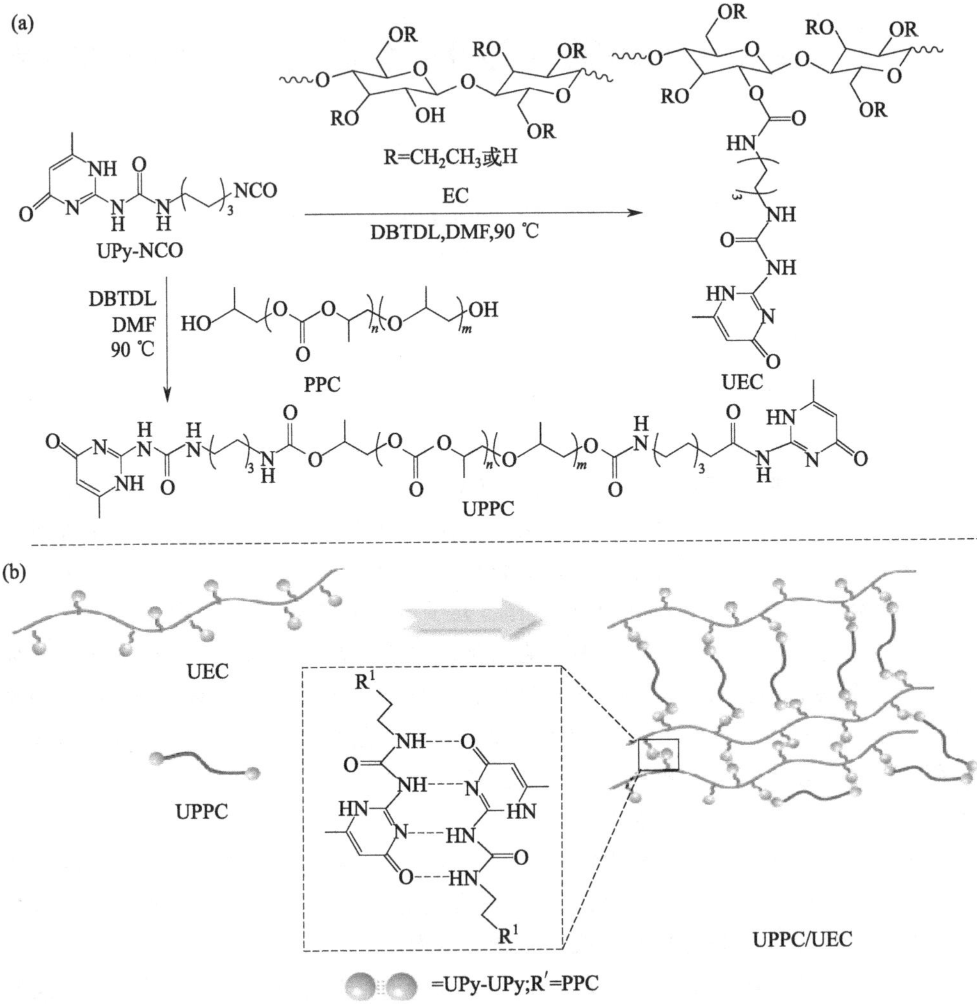

图 4-9 UPPC 和 UEC 的合成（a）和超分子复合物的制备（b）

(PPC)、UPy 封端的聚(碳酸酯-醚)（UPPC)、乙基纤维素（EC，$M_{n,GPC}=11700$，99%)、N,N-二甲基甲酰胺（DMF,99%)、二月桂酸二丁基锡（DBTDL，95%)、正己烷（99%)、丙酮（99%)、三氯甲烷（99%)。

仪器：三口烧瓶、旋蒸仪、真空烘箱、机械搅拌、加热磁力搅拌器、循环水真空泵。

四、实验内容与方案

1. UPy 官能化的乙基纤维素的合成

按照图 4-9 所示的路线合成 UPy 官能化乙基纤维素（UEC)，具体步骤如下：在氩气保护的三口烧瓶中加入 2.0 g EC，于 80 ℃下真空干燥 2 h。之后依次加入 1.0 g UPy-

NCO、150 mL DMF 和 0.5 mL DBTDL 催化剂，并在 90 ℃下反应 24 h。反应液冷却至室温，减压蒸馏除去溶剂，得到淡黄色固体粗产物。将粗产物溶解于 50 mL 三氯甲烷后，滴入 500 mL 低温正己烷（冰浴）中，得到淡黄色悬浮液，抽滤得到淡黄色固体，经正己烷、丙酮洗涤 3 次后，置于 60 ℃真空烘箱中干燥至恒重，得到 UEC。

2. 聚(碳酸酯-醚)/乙基纤维素超分子复合物的制备

UPy 封端聚(碳酸酯-醚)/UPy 官能化乙基纤维素（UPPC/UEC）超分子复合物的制备过程如下：将 5.6 g UPPC、2.4 g UEC 与 50 mL DMF 混合均匀，在 90 ℃下搅拌 2 h，得到黄色透明的溶液，然后将其浇注于聚四氟乙烯模具中，置于 60 ℃烘箱中干燥至恒重，得到淡黄色 UPPC/UEC 超分子复合物膜。

五、注意事项

1. 正确安装玻璃仪器。
2. 按照合成路径进行实验，最后观察成膜现象。

六、思考题

1. 胶黏剂的黏结强度怎么测定？
2. 如何进一步改善胶黏剂的性能？

实验 29 玉米淀粉-糠醛共缩聚树脂塑料的制备

一、实验目的

1. 了解淀粉基塑料的概念和使用领域。
2. 掌握制备淀粉-糠醛-甲醛共缩聚塑料的方法。

二、实验原理

淀粉基塑料作为可再生高分子聚合物，是生物质塑料领域的研究热点之一。在高温、剪切力和增塑剂的作用下，天然淀粉的晶体结构被破坏，形成无定形淀粉分子结构，使制得的热塑性淀粉基塑料中淀粉含量高，加工性能好[12]。

然而，淀粉缺乏硬度和抗压强度，且亲水性强等缺点限制了其工业化应用。目前主要的改进措施包括将淀粉中羟基进行取代、酯化或乙酰化反应；将淀粉与其他高分子材料共混；在淀粉基质中添加增强组分，如无机矿物质、无机纳米颗粒和有机纤维等。然而，上述方法实施步骤复杂，改性成本较高，不利于淀粉基塑料的工业化生产。

源自小麦、玉米、甘蔗等农作物加工残渣的糠醛，由于醛基的高反应性，已广泛应用于合成高分子材料。呋喃环赋予了糠醛较好的耐热性和耐水性。采用糠醛与淀粉共缩聚可降低淀粉的亲水性，并提高淀粉基塑料的热稳定性。在前期研究中发现，淀粉和糠醛之间很容易发生反应。但淀粉在碱性条件下容易糊化，所制备的淀粉树脂的黏度较大、流动性较低，不利于加工。在酸性条件下，淀粉容易降解以避免糊化，然而糠醛在酸性条件下容易发生自缩聚，导致醛基无法与淀粉反应。有研究者引入少量甲醛与糠醛反应，以避免糠醛的自缩聚。

本次实验以淀粉、糠醛和甲醛为原料，在酸性条件下缩聚制备一款具有耐水性和较好力学性能的生物基热固性塑料——淀粉-糠醛-甲醛共缩聚塑料（SFFP）。

三、实验试剂与仪器

试剂：玉米淀粉、糠醛（98%）、液体苯酚（80%）、甘油（99.9%）、甲醛（37%）、对甲苯磺酸（*p*-TSA，20%）、氢氧化钠（30%）。

仪器：加热磁力搅拌器、电子天平、烧杯、硅胶模具、烘箱。

四、实验内容与方案

1. 淀粉-糠醛-甲醛（SFF）树脂的合成

首先将糠醛和甲醛放入烧杯中，在室温下搅拌 6 min，制备糠醛-甲醛溶液；其次，在玉米淀粉中加入 NaOH 和去离子水，在室温下搅拌 10 min，制备糊化淀粉；随后，将糊化淀粉与糠醛-甲醛溶液混合后加入对甲苯磺酸调节溶液的酸碱度，搅拌 10 min，以获得酸性淀粉-糠醛-甲醛（SFF1）树脂或碱性淀粉-糠醛-甲醛（SFF2）树脂。

2. SF 树脂的合成步骤

首先将玉米淀粉和去离子水放入烧杯中搅拌 5 min，然后将糠醛和 NaOH 混合，搅拌 10 min，得到 SF 树脂。

3. S 树脂的制备

将玉米淀粉、NaOH 和去离子水放入烧杯中搅拌 15 min，即得到 S 树脂。以上树脂的配方如表 4-1 所示。

表 4-1 玉米淀粉-糠醛树脂的配方

树脂类型	玉米淀粉/g	糠醛/mL	甲醛/mL	去离子水/mL	NaOH/mL	*p*-TSA/mL
SFF1	16	24	3	12	4	3
SFF2	16	24	3	12	4	—
SF	16	24	—	15	4	—
S	40	—	—	45	4	—

4. SF 树脂、S 树脂与 SFF1、SFF2 树脂的比较

将搅拌均匀的 SF、S、SFF1 和 SFF2 树脂分别与 3 g 甘油混合（甘油作为增塑剂被用来提高塑料的韧性）；再分别倒入硅胶模具（4.5 cm×4.5 cm×5 cm）中，在室温下放置 3 h；然后将这些模具在 60 ℃的烘箱中放置 24 h，再将温度升高至 100 ℃后放置 24 h，获得四款塑料，依次命名为 SFP、SP、SFF1P、SFF2P。

五、注意事项

1. 按照不同的比例分别制备树脂。
2. 根据比例的不同分别记录实验现象。

六、思考题

1. 各种配方的树脂性能有何不同？
2. 玉米淀粉-糠醛共缩聚树脂塑料主要应用于哪些领域？
3. 从成本和性能角度分析，玉米淀粉-糠醛共缩聚树脂塑料相较于其他常见塑料的优势和劣势分别是什么？

实验 30 线型聚（N-异丙基丙烯酰胺）的合成及性能研究

一、实验目的

1. 了解感温高分子材料的概念和使用领域。
2. 掌握制备线型聚(*N*-异丙基丙烯酰胺)的方法。

二、实验原理

感温高分子是一类具有温度敏感性的聚合物，其中最具有代表性的聚合物是聚(*N*-异丙基丙烯酰胺)(PNIPAm)及其共聚物[13]。对于线型温敏性聚合物，当温度低于最低共溶温度(lower critical solution temperature，LCST)时，聚合物溶于水中形成均相的溶液；而当环境温度升高至 LCST 以上时，溶液发生相分离，聚合物从溶剂水中析出，溶液黏度明显变大。感温高分子这种由于其特有的温度敏感性而引起聚合物发生的智能记忆效应引起了人们的广泛关注，从而使温敏性聚合物成为国际高分子领域又一个研究热点。

线型温敏性聚合物的合成方法一般有本体聚合、溶液聚合、乳液聚合、微乳液聚合和悬浮聚合等。溶液聚合由于简单易行而最常采用，常采用有机溶剂中自由基引发聚合的方法。

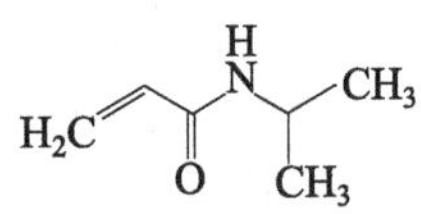

N-异丙基丙烯酰胺(NIPAm)

三、实验试剂与仪器

试剂：*N*-异丙基丙烯酰胺(NIPAm，化学纯)、偶氮二异丁腈(AIBN，化学纯)、无水乙醇(分析纯)、去离子水。

仪器：水浴锅、三口烧瓶、加热磁力搅拌器、索氏提取器、真空烘箱。

四、实验内容与方案

1. 线型 PNIPAm 的制备

称取 10 g 单体 NIPAm 与分别控制在单体质量的 0.1%、0.5%、1.0%、1.5%和 2.0%的引发剂 AIBN 溶于 0.2 L 的无水乙醇中，通氮气 20 min 后，于密闭的三口烧瓶中于 70 ℃恒温水浴，分别将反应时间控制在 3 h、5 h、6 h、7 h 和 9 h，减压蒸馏将大部分无水乙醇蒸出，将样品置于真空烘箱中干燥，研磨成粉末再将聚合物粉末置于索氏提取器中使用去离子水提纯三次，真空干燥后研细备用。

2. 转化率的测定

与单体用量相比，引发剂用量很少，因此在计算反应转化率时可以忽略不计。单体质量为 m_1，提纯后得到的聚合物质量为 m_2，则转化率 α 的计算公式如下：

$$\alpha=\frac{m_2}{m_1}\times 100\%$$

五、注意事项

1. 正确安装玻璃仪器。
2. 使用不同比例的引发剂，记录对应的转化率。
3. 反应时间的不同对于转化率也有影响。

六、思考题

1. 不同引发剂用量和反应时间对合成的线型 PNIPAm 的分子量分布有何影响？

2. 在提纯过程中，使用索氏提取器用去离子水提纯三次的依据是什么，次数过多或过少会有什么影响？

3. 感温高分子材料主要应用于哪些领域？

实验 31 荧光形状记忆高分子材料的制备

一、实验目的

1. 了解荧光形状记忆高分子材料的概念和使用领域。
2. 掌握制备荧光形状记忆高分子材料的方法。

二、实验原理

荧光材料是指在一定波长的光照射下能发出不同颜色和强度的光的材料，广泛应用于化学传感器、生物成像和光电器件等领域。其中，荧光成像技术作为现代生命科学和疾病诊断领域的重要技术，在环境监测、食品安全和临床诊断等领域有诸多应用[14]。

形状记忆聚合物作为智能材料的重要分支，应用广泛，但由于缺乏可视性，其在临床成像领域的应用受到限制。若将形状记忆聚合物赋予荧光功能，即可实现形状记忆聚合物在形状记忆过程中的“可视化”，对扩展其在生物医学领域的应用具有重要的研究意义和理论价值。

利用分子链聚合的方法将具有荧光功能的单体引入到聚合物分子链中，是目前制备具有荧光特性的新型聚合物直接有效的方法之一。通过自由基共聚法将 *N*-乙烯基咔唑引入到聚丙烯酸酯大分子主链上，再通过相反转自乳化法制备出带有明显紫色荧光的自交联型水性聚丙烯酸酯乳液，最后在室温下干燥成膜制备荧光形状记忆材料。这种通过室温自交联乳液制备荧光形状记忆高分子材料的方法，具有工艺过程简单、绿色环保、可控性好和适用于大规模生产的特点。

三、实验试剂与仪器

试剂：乙二醇丁醚（BCS，分析纯）、甲基丙烯酸甲酯（MMA，色谱纯）、丙烯酸丁酯（BA，分析纯）、二甲基乙醇胺（DEA，分析纯）、双丙酮丙烯酰胺（DAAM，99%）、*N*-乙烯基咔唑（NVK，98%）、丙烯酸（AA，99%）、过氧化苯甲酸叔丁酯（TBPB，98%）、己二酸二酰肼（ADH，98%）。

仪器：三口烧瓶、恒压滴液漏斗、聚四氟乙烯板、加热磁力搅拌器。

四、实验内容与方案

1. 自交联型水性荧光聚丙烯酸酯（PMBDA-NVK-ADH）乳液的合成

① 将 2 g BCS 加入带有搅拌器的三口烧瓶中，升温至 140 ℃，用恒压滴液漏斗于 1.5 h 内滴加 9.4 g MMA、6 g BA、0.812 g DAAM、0.576 g AA、NVK（0、20 mg、50 mg 和 100 mg）以及 0.2 g TBPB 的混合液，保温反应 5 h。

② 降低反应温度至 65 ℃，加入 DEA 调节 pH＝7～8，滴加 25 g 去离子水高速搅拌分散 1 h。

③ 加入交联剂 ADH（ADH 与 DAAM 摩尔比为 1∶2），出料得到 NVK 含量不同的 PMBDA-NVK-ADH 乳液。

2. PMBDA-NVK-ADH 膜的制备

将 NVK 含量不同的 PMBDA-NVK-ADH 乳液均匀涂覆在聚四氟乙烯板上，室温干燥成膜，得到自交联型荧光形状记忆薄膜。

五、注意事项

1. 了解样品加料比例和顺序，正确处理加料中出现的问题。

2. 观察实验现象并做好记录。

六、思考题

1. 什么是荧光形状记忆高分子？

2. 荧光形状记忆高分子材料主要应用于哪些领域？

3. 在制备荧光形状记忆高分子材料时，选择不同含量的 NVK 对材料的荧光强度和形状记忆性能分别有怎样的影响，如何优化 NVK 的含量？

4. 与其他制备荧光形状记忆高分子材料的方法相比，本实验采用的方法有哪些优势和局限性？

实验 32 自修复聚乙烯醇水凝胶的制备

一、实验目的

1. 了解自修复水凝胶的交联方法和修复机理。
2. 掌握自修复水凝胶的表征方法。

二、实验原理

水凝胶（hydrogel）是含水量高达50%～90%的软物质，具有优异的生物相容性、物理性能和化学性能，在许多领域得到广泛应用，例如隐形眼镜、药物输送以及作为皮肤、肌腱和软骨的替代品。近年来，关于水凝胶的设计、制备、理化性质的研究和应用十分活跃。根据自修复机制的不同，自修复水凝胶可分为物理自修复水凝胶和化学自修复水凝胶，通常利用氢键作用、疏水缔合作用、主客体识别作用、离子键作用、亚胺键作用、苯硼酸酯键、二硫键等进行自修复。

水凝胶有多种分类方法，根据其交联网络键合的不同，可分为物理水凝胶和化学水凝胶。物理水凝胶是通过如静电作用、氢键、链的缠绕等物理作用力形成的，许多天然高分子在常温下呈稳定的凝胶态，如角叉菜胶、琼脂等。

如图 4-10 所示，本实验水凝胶以聚乙烯醇（PVA）-硼酸酯作为第一网络，琼脂糖作为第二网络[15]。硼酸酯可与 PVA 的相邻羟基络合，二者之间存在着大量的动态共价键，动态共价键的快速断裂与复原赋予了水凝胶自修复的能力。由于硼酸酯键的可逆性，水凝胶中的 PVA 链仍然可以移动。同时，PVA 和琼脂糖之间也会形成氢键，而依靠氢键交联的琼脂糖网络可保证水凝胶具有稳定的形状。

三、实验试剂与仪器

试剂：硼砂（$Na_2B_4O_7 \cdot 10H_2O$）、琼脂糖、聚乙烯醇（PVA，1788 低黏度型），以上试剂均为分析纯，去离子水。

仪器：数显电子天平、电子万能试验机、水浴锅、电热恒温鼓风干燥箱、烧瓶、烧杯、玻璃棒、小刀、量筒。

四、实验内容与方案

自修复水凝胶的制备过程：称取 10 g PVA、0.5 g 琼脂糖于 100 mL 烧瓶中，再向烧瓶中加入 40 mL 去离子水；将烧瓶置于 90 ℃的热水浴中，搅拌 2 h，使 PVA 和琼脂糖充分溶解，得到琼脂糖/PVA 溶液，将溶液转移至烧杯内；量取 40

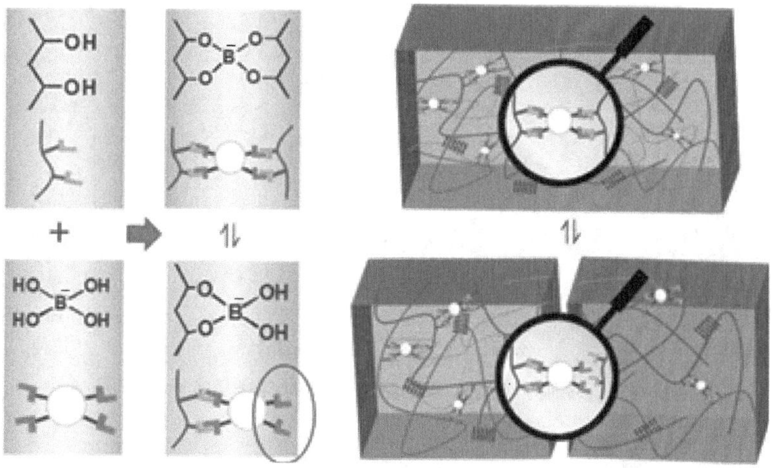

图 4-10 琼脂糖/PVA 双网络水凝胶的自修复机理示意图

mL 0.04 mol/L 的硼砂溶液，加入烧杯中搅拌均匀，搅拌过程中溶液黏度上升，最终得到水凝胶；将水凝胶放入模具中成型，成型后放入 70 ℃鼓风烘箱中干燥 1.5 h，之后取出，室温下冷却 30 min，最终得到所需的样条。

五、分析测试

1. 力学性能测试

水凝胶的力学性能用万能试验机进行测量。首先，制备尺寸为 5 cm × 1.3 cm × 0.5 cm 的水凝胶。测试时，将试样夹在拉伸机上，拉伸速率为 100 mm/min 。数据为同组 5 个样品的平均强度。

2. 自修复实验

如图 4-11 所示，将水凝胶切成两半，然后将两个单独的水凝胶分别在空气中和水下接触。在愈合过程中不施加其他压力或外部刺激。自愈合一定时间后，再次进行拉伸试验，观察其愈合效果。

3. 可循环成型实验

如图 4-12 所示，将原始形状水凝胶加热至 90 ℃，放置在不同的模具中静置 30 min 使其冷却，来观察其可循环成型性能。

六、本实验存在的危险及预防措施

1. 本实验所用的硼砂具有强氧化性和一定的毒性，因此在使用该药品时要戴手套和口罩。

2. 本实验使用的水浴锅温度高达 90 ℃，在进行实验时必须操作规范，防止被烫伤。

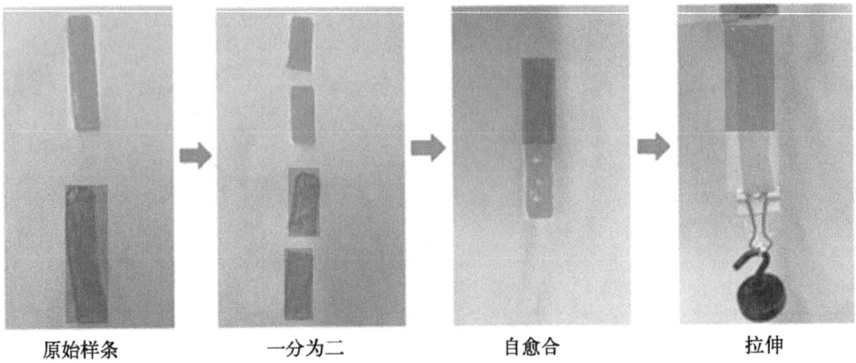

图 4-11 琼脂糖/PVA 双网络水凝胶的自修复实验示意图

图 4-12 琼脂糖/PVA 双网络水凝胶的可循环成型示意图

七、注意事项

1. 聚乙烯醇需选择 1788 低黏度型而非其他型号。

2. 样品的制备过程中搅拌不要过于剧烈，避免产生大量气泡，需低速搅拌。

3. 加热过程中水分蒸发流失会造成水量减少，需要依据实际情况适当补充水分。

八、 思考题

1. 为什么琼脂糖/PVA 双网络水凝胶的水下愈合速率较空气中慢？

2. 查阅文献，除了本实验中的水凝胶，你还接触过或了解哪些类型的水凝胶？

3. 在制备自修复聚乙烯醇水凝胶时，改变 PVA 和琼脂糖的比例对水凝胶的自修复性能和力学性能会产生怎样的影响？

4. 本实验制备的水凝胶的自修复性能受温度、pH 值等环境因素影响的具体机制是什么？

附录

附录 1　真空度单位换算

1. 真空度单位换算

单位	Pa	kPa	MPa	psi	mmHg	inHg	mmH_2O	inH_2O	mbar	bar	Torr	atm
Pa	1	0. 001	0. 000001	0. 00014	0. 0075	0. 00029	0. 10204	0. 00401	0. 01	0. 00001	0. 0075	0. 000009869
kPa	1000	1	0. 001	0. 14503	7. 50061	0. 29528	102. 04786	4. 01875	10	0. 01	7. 50061	0. 009869
MPa	1000000	1000	1	145. 03725	7500. 61682	295. 28744	102047. 865	4018. 75154	10000	10	7500. 61682	9. 869
psi	6894. 78017	6. 89478	0. 00689	1	51. 7151	2. 03594	703. 5976	27. 7084	68. 9478	0. 06894	51. 7151	0. 06804
mmHg	133. 32236	0. 13332	0. 000132	0. 01933	1	0. 03936	13. 60526	0. 53578	1. 33322	0. 00133	1	0. 00131
inHg	3386. 53074	3. 38653	0. 00338	0. 49117	25. 40106	1	345. 58823	13. 60962	33. 8653	0. 03386	25. 40106	0. 03342
mmH_2O	9. 79932	0. 00979	0. 00000979	0. 00142	0. 0735	0. 00289	1	0. 03938	0. 09799	0. 00009799	0. 0735	0. 0000967
inH_2O	248. 83349	0. 24883	0. 00024883	0. 03609	1. 8664	0. 07347	25. 39292	1	2. 48833	0. 00248	1. 8664	0. 00245
mbar	100	0. 1	0. 0001	0. 0145	0. 75006	0. 02952	10. 20478	0. 40187	1	0. 001	0. 75006	0. 00098
bar	100000	100	0. 1	14. 50372	750. 06168	29. 52874	10204. 7865	401. 87515	1000	1	750. 06168	0. 98692
Torr	133. 32236	0. 13332	0. 000132	0. 01933	1	0. 03936	13. 60526	0. 53578	1. 33322	0. 00133	1	0. 00131
atm	101325	101. 325	0. 101325	14. 6959	760	29. 92	10340	407. 2	1013. 25	1. 01325	760	1

2. 真空表读数与真空度换算

1）真空度用“绝对真空度”“绝对压力”，即比“理论真空”高多少压力标识；“绝对真空度”是指被测对象的实际压力值。在实际情况中，真空泵的绝对压力值介于 0～101.325 kPa 之间。绝对压力值需用绝对压力仪表测量，在 20 ℃，海拔高度为零的地方，用于测量真空度的仪表（绝对真空表）的初始值为 101325 Pa（即一个标准大气压）[16]。

2）“相对真空度”是指被测对象的压力与测量地点大气压的差值。用普通真空表可测量。在没有真空的状态下，表的初始值为 0，当测量真空时，它的值介于 0 到－101325 Pa（即－0.1 MPa）之间。真空表上“0”表示正一个大气压即 101325 Pa，“－0.1”表示绝对真空（即为 0）。真空表上的指示值不表示真空度的绝对值，只表示了真空度的相对值。真空度的绝对值与相对值可用下式换算：$P\approx 100000\times(1-\Phi/0.1)$ Pa；Φ 为真空表的读数示值的绝对数。如：真空表的读数示值为 0，则 $P\approx 100000\times(1-0/0.1)=100000$ Pa 为 1 个大气压；真空表的读数示值为 700 mmHg，则 $P\approx 100000\times(1-700/760)=8000$ Pa。

附录 2　常用引发剂的物理常数

名称	缩写	分子量	外观	熔点/℃	半衰期 $t_{1/2}$/℃	分解温度/℃	溶解性	稳定性及毒性
过氧化苯甲酰	BPO	242.22	白色结晶粉末	103～106（分解）	2.4h(85)，4.3h(80)，8.4h(75)	73(0.2mol/L 苯)	溶于乙醚、丙酮、氯仿、苯等	干品极不稳定，摩擦、撞击，遇热或还原剂即引起爆炸，易燃、无毒
二叔丁基过氧化物	DTBP	146.22	无色至微黄色液体	－40(凝固点)	1.6h(140)，4.9h(130)，8.7h(125)	126(0.2 mol/L 苯)	溶于丙酮、甲苯等	室温下稳定、对撞击不敏感。对钢、铝无腐蚀作用，无明显毒性。
异丙苯过氧化氢	DCP	270.38	无色棱形结晶	39～41	1min(170)，3.1h(130)，5.7h(120)，9.8h(115)，117h(117)，100h(101)	115(0.2 mol/L 苯)	溶于苯、异丙苯、乙醚等	室温下稳定，为强氧化剂。毒性低
过氧化月桂酰	LPO	398.61	白色粒状固体	53	1min(114)	62(0.2 mol/L 苯)	溶于乙醚、丙酮、氯仿等	室温下稳定，无毒
叔丁基过氧化苯甲酸酯	TPB	194.22	无色至微黄色液体	8.5(凝固点)	1.8h(120)，2.8h(115)，5.1h(110)，8.9h(105)	104～105(0.2 mol/L 苯)	溶于乙醇、乙醚、丙酮、乙酸乙酯等	室温下稳定、对撞击不敏感。对钢、铝无腐蚀作用，毒性低
过氧化二碳酸双(-2-苯氧乙基)酯	BPPD	362.1	无色或微黄色结晶粉末	97～100	7h(50)，1.5h(70)	92～93	二氯甲烷、氯仿等	对撞击和摩擦均不敏感，无爆炸无危险，低毒，会刺激眼睛和皮肤
过氧化二碳酸二(2-乙基己)酯	EHP	346	无色透明液体		0.33h(40)，1.5h(50)		甲苯、二甲苯、矿物油	40%溶液 200 ℃/3 min 不爆炸

续表

名称	缩写	分子量	外观	熔点/℃	半衰期 $t_{1/2}$/℃	分解温度/℃	溶解性	稳定性及毒性
过氧化二碳酸二异丙酯	IPP	206.18	无色液体	8～10		45	脂肪烃、芳香烃、酯、醚和卤代烃	对温度、撞击、酸、碱化学品敏感，极易分解引起爆炸，低毒
过氧化二碳酸二环己酯	DCPD	286.3	白色固体粉末	44～46	75h(30)，4.2h(50)，0.27h(70)	42～44	易溶于芳烃、卤代烃、酯和酮	对撞击和摩擦均不敏感，但与稳定剂、催化剂和干燥剂、铁和钢等金属氧化物接触时能加速分解。低毒
过氧化甲乙酮	MEKP	178.2	无色透明油状液体			105	溶于苯、醚和酯	室温下稳定，高于 100 ℃即发生爆炸
过氧化环己酮		246.31	白色或微黄色粉末	76～78	1min(174)	97	乙醇、丙酮、苯	
过硫酸铵	APS	228.19	白色结晶	124	pH>4，38.5h(60) 2.1h(80)；pH=3，25h(60)，1.62(80)	120	水	与某些有机物或还原物相混合会引起爆炸，在室温下具有良好的稳定性
过硫酸钾	KPS	270.32	白色结晶粉末	<100	温度高受pH影响小，在乳化剂和硫醇存在时会加速分解	100（完全分解）	水	与某些有机物或还原物相混合会引起爆炸，无毒
偶氮二异丁腈	AIBN	164.2	白色结晶粉末	102～104		64	甲醇、乙醇、乙醚、丙酮、石油醚等	100 ℃急剧分解引起爆炸着火，易燃、有毒
偶氮二异庚腈	ABVN	248.36	白色菱形片状结晶	顺式 55.5～57，反式 74～76		52 ℃，在 30 ℃/15 天分解	醇、醚、二甲基甲酰胺	易燃、易爆、有毒

参考文献

[1] 靳艳巧，温娜，谢琼琳．高分子化学实验教程［M］．北京：化学工业出版社，2024.137.

[2] 汪存东，谢龙，张丽华，等．高分子科学实验［M］．北京：化学工业出版社，2018.167.

[3] 李烁，刘德志，李雪梅．聚甲基丙烯酸甲酯实训装置操作［M］．北京：化学工业出版社，2023.112.

[4] 曹同玉，刘庆普，胡金生．聚合物乳液合成原理性能及应用［M］．北京：化学工业出版社，2022.573.

[5] 张宏坤，宫琛亮，梁亚琴．高分子材料合成与创新研究［M］．北京：化学工业出版社，2023.189.

[6] Jiaxing Huang，Richard B Kaner. The intrinsic nanofibrillar morphology of polyaniline. *Chemical Communication*，2006，367-376.

[7] Nan-Rong Chiou，Chunmeng Lu，Jingjiao Guan，L. James Lee and Arthur J. Epstein. Growth and alignment of polyaniline nanofibres with superhydrophobic，superhydrophilic and other. *Nature Nanotechnology*，2007，2，354.

[8] 温杰，李赞，胡建华，等．紫外引发聚合联合原位氧化聚合制备光热响应性软体驱动水凝胶［J］．大学化学，2023，38（4）：98-105.

[9] 何贤哲，于莹，陶磊．苯乙烯的原子转移自由基聚合（ATRP）——一个典型的“活性”/可控自由基聚合实验［J］．大学化学，2023，38（8）：225-231.

[10] 光敏聚酰亚胺光刻胶研究进展［J］．应用化学，2021，38（9）：1119-1137.

[11] 李晓静，文颖峰，王勇，等．聚（碳酸酯-醚）/乙基纤维素超分子复合物的制备及其粘接性能［J］．高分子通报，2023，36（11）：1538-1549.

[12] 贾永波，周云霞，郑露露，等．玉米淀粉-糠醛共缩聚树脂塑料的制备［J］．化工新型材料，2024，52（2）：110-114＋119.

[13] 崔言云，张志毅．线型聚（*N*-异丙基丙烯酰胺）的合成及性能研究［J］．绝缘材料，2010，43（3）：24-28.

[14] 林娜，向珏贻，宋雨方，等．共价键接型荧光形状记忆高分子材料的制备与性能研究［J］．化工新型材料，2022，50（4）：95-99＋104.

[15] 顾瑶，刘江晴，刘晓亚，罗静．综合创新设计实验：自修复水凝胶的制备及性能测试。大学化学，2023，38（9）：156-162.

[16] 季玉，董继国，刘晓宇．一般压力表示值误差的不确定度分析与评定［J］．中国标准化，2025，（8）：174-178.